KRISTINA ZIEMER-FALKE | JÖRG ZIEMER

Gelassen GASSI GEHEN

Das effektive Training für stressfreie Hundebegegnungen, Leinenführigkeit und sicheren Freilauf

INHALT

LIEBE LESERIN, LIEBER LESER,

bestimmt sind wir uns einig, wenn wir sagen: »Hunde sind großartig. Sie bereichern unser Leben und unseren Alltag auf vielfältige Art und Weise. Ohne sie wären unsere Spaziergänge nur halb so schön und erfüllend.«

Wenn Sie uns bei Letzterem, dem Teil mit dem Spazierengehen, nun nicht mehr ganz so überzeugt zustimmen oder aber meinen, dass auf Ihren Gassigängen der Wunsch nach Verbesserung vorliegt, dann ist dieses Buch genau richtig.

Durch unsere tägliche Arbeit mit vielen Menschen und Hunden wissen wir, dass gerade das Thema Spazierengehen für Hund und Halter zu einer (starken) Belastung geworden ist. Ein inniger Herzenswunsch besteht darin, Abhilfe zu schaffen und den Hund locker in allen Bereichen auf dem Spaziergang zu lenken, vor allem eine gemeinsame Quality Time zu genießen, sodass Sie und Ihr Vierbeiner möglichst gut gelaunt zu Hause wieder ankommen.

Mit diesem praxisnahen Ratgeber zeigen wir verschiedene Wege und Möglichkeiten auf, wie Sie Ihren Hund so lenken können, dass Sie beide glücklich und zufrieden sind. Machen Sie einfach mit. Erstellen Sie aktiv Pläne, trainieren Sie die Übungen, hören Sie in sich hinein und lernen Sie Ihren Hund noch besser kennen. Sie werden anderen Hunden, Menschen und ablenkenden Reizen zukünftig gelassen begegnen können und bisher ungewünschte Situationen souverän und stressfrei meistern. Dabei erfahren Sie nicht nur sehr viel über Ihren Hund, sondern auch über sich selbst.

Wir freuen uns sehr darüber, Sie auf Ihrem Weg begleiten und unterstützen zu dürfen, und verraten Ihnen noch ein kleines Geheimnis: Dieses Buchprojekt zählt mit zu unseren liebsten, da es unmittelbar unterstützen, den Leidensdruck nehmen und das Zusammenleben zwischen Mensch und Hund enorm verbessern kann. Nutzen Sie also dieses Buch als einen Weggefährten, den Sie vielleicht nicht nur einmal lesen, sondern der Sie über Ihre Trainingszeit als auch darüber hinaus begleiten darf – als Coach, Nachschlagewerk und Freund.

Wir bedanken uns ganz herzlich bei Ihnen und all den Mensch-Hund-Teams, mit denen wir bisher vertrauensvoll zusammenarbeiten durften, die uns immer wieder inspirieren und uns anspornen, neue, kreative Wege zu gehen. Sie können alle sehr stolz auf sich sein.

Wir wünschen Ihnen viel Spaß beim Lesen und bei der Umsetzung, aber vor allem wünschen wir Ihnen, dass Sie und Ihr Hund wunderbare Spaziergänge miteinander erleben werden. ☺

Herzliche Grüße und alles Liebe
Ihre Kristina Ziemer-Falke und Ihr Jörg Ziemer

Hundespaziergänge sind nichts für Feiglinge

Schön haben Sie es sich vorgestellt, wie Sie entspannt mit Ihrem Hund durch Wald und Flur laufen. Er ist glücklich, Sie sind es. Er hört auf Sie und orientiert sich von allein an Ihnen – bei jeglicher Ablenkung. Sie bummeln gemeinsam durch die Natur und nichts kann Ihre gute Laune trüben … bis das Universum liefert.

HUNDESPAZIERGÄNGE HEUTE – ES IST, WIE ES IST, ODER?

Höchste Zeit also, die Sache selbst in die Hand zu nehmen und dem Universum Verbesserungsvorschläge für seine Lieferung mitzuteilen.

Spaziergänge verlaufen nicht immer so, wie wir sie uns erhoffen. Vermutlich kann jeder Hundehalter (und Hundetrainer) ein Lied davon singen. Wir sitzen alle in einem Boot, egal ob Hundehalteranfänger oder kynologischer Superheld. Wir wünschen uns einen Hundespaziergang nach Blümchen-Manier, auf dem jeder wirklich jeden lieb hat, doch was wir zwischendurch immer wieder bekommen, ist ein Spießroutenlauf und die pure Erleichterung, wenn wir dann zu Hause sind. Vorab kurz gesagt: Das geht jedem so. Wir arbeiten mit Lebewesen – folglich sind die Chancen auf Special Effects höher als beim Einsatz von Maschinen. Da wir aber lieber mit unserem Hund statt mit dem Rasenmäher spazieren gehen, ist es wunderbar, dass Sie sich entschieden haben, Ihren Gassigang entspannt, stressfrei und attraktiv zu gestalten.

Was wir uns für Sie wünschen

Hundespaziergänge betreffen uns alle, immerhin gehen wir täglich drei- bis viermal mit dem Vierbeiner vor die Tür. Wir wünschen Ihnen, dass Ihnen all diese Spaziergänge von Herzen Spaß machen, Sie erfüllen und entspannen – und ebenso natürlich den Hund. Es soll echte Quality Time für Sie und Ihren Liebling sein, eine schöne Auszeit vom hektischen Alltag.
Aus diesem Grund haben wir uns entschieden, dass wir das Thema Spaziergang etwas breiter aufstellen. Es dreht sich um entspannte Hundebegegnungen und darum, dass Sie Lösungen finden, wenn Ihr Hund hin und wieder Passanten anspringt. Doch es geht nicht nur darum, die Flausen, die sich Ihr Hund in den Kopf setzt, im Vorfeld zu erkennen, sondern den Fokus auf eine gemeinsame Zeit zu legen, die Sie unter allen Ablenkungen und Reizen führen und lenken können – am besten mit einem strahlenden Lächeln im Gesicht.
Lesen und arbeiten Sie mit diesem Buch. Wir haben viele kleine Aufgaben für Sie bereitgestellt, die Sie umsetzen können – immer wieder zwischendurch. Wir hoffen, dass Sie dieses Buch als Weggefährte begleitet und Ihre zukünftigen Spaziergänge zu unvergesslichen Erlebnissen werden lässt. Sie und Ihr Hund stehen im Mittelpunkt.

Wie sieht so ein Spaziergang aus?

Im Lauf des Buches stellen wir Ihnen immer wieder Klassiker rund um das Spazierengehen vor. Vielleicht stimmen Sie nicht mit allen Ereignissen auf unseren beschriebenen Gassirunden überein (»Das hat er noch nie gemacht!«), aber vielleicht erkennen Sie sich an der einen oder anderen Stelle wieder (»Jaaaa, das macht meiner auch!«). Beachten Sie: Übertreibungen verdeutlichen.

Was wir uns für Sie wünschen: Freuen Sie sich darüber, wenn Sie sich selbst ertappen, und ja, Sie dürfen das mit Humor nehmen! Das Tolle ist doch, dass Sie etwas verbessern wollen in Ihrer Mensch-Hund-Beziehung. Außerdem stehen Sie nicht allein da mit dem Thema, sondern viele Hundehalter kennen die Problematik. Doch noch immer ertappt man sich mit einem Gefühl von Scham und Hilflosigkeit. Vielleicht wird man auch das eine oder andere Mal wütend, wenn es auf dem Spaziergang nicht so rund läuft, doch mit negativen Gedanken ist keinem geholfen. Weder Ihnen noch dem Hund!

Lassen Sie uns motiviert in das Buch starten und uns alle gemeinsam anschauen, was den typischen Hundehalter auf dem Spaziergang erwartet. Alles, was Sie anschließend verbessern möchten, werden wir in diesem Buch gemeinsam angehen. Sie werden stolz auf sich und Ihren Hund sein!

Auf einen Blick

- **Betrachten wir Spaziergänge mal ein wenig genauer,** so erkennen wir, dass viele Hundehalter sehr leidensfähig sind. Aus unserer Hundeschule wissen wir, dass nicht wenige Kunden nach Zeiten für den Gassigang suchen, an denen sie möglichst keine anderen Hunde mit ihren Haltern treffen, sondern am besten allein unterwegs sind. Folglich geht dem eigentlichen Spaziergang nicht nur ein mulmiges Gefühl voraus, sondern auch ein ausgeklügeltes Zeitmanagement, das in den Alltag integriert werden muss.
- **Stress ist auf diese Weise schon programmiert.** Führen Sie sich doch bitte einmal Folgendes vor Augen: Im Schnitt gehen Sie dreimal täglich mit Ihrem Hund spazieren. Sie konfrontieren sich selbst also ungefähr alle vier Stunden mit diesem Thema. Täglich. 365 Tage im Jahr. Hoffentlich 16 Jahre lang. Das sind 23.360 Stunden an Spaziergangzeit insgesamt!
- **Sie und Ihr Hund sind es wert,** dass Sie diese Zeit genießen und sich dabei auch noch erholen können. Sie haben es sich verdient!

REIN IN DEN ALLTAG – EINE (UN)TYPISCHE GASSIRUNDE

Gemeinsam heißt es für Susi und Bommel – wie für Millionen anderer Hundehalter auch – mehrfach täglich spazieren

Susi kommt nachmittags von der Arbeit. Heute ist sie ein wenig spät dran. Sie hält kurz am Supermarkt, um schnell noch Käse zu besorgen, den sie für das Abendessen benötigt. Bereits jetzt schleicht sich bei Susi ein schlechtes Gewissen ein, denn ihr Hund ist nun doch schon länger allein geblieben, als sie eigentlich geplant hatte. Als sie zur Tür hereinkommt, wird sie bereits sehnsüchtig erwartet und stürmisch begrüßt. Statt einen Pantoffel zu bringen, hat Bommel diesen während Susis Abwesenheit genüsslich zerfetzt und im Flur verteilt.

Auf ein Neues ...

Doch weil sich Bommel so überschwänglich freut und unaufhörlich an ihr hochspringt, bleibt Susi kaum Zeit, darüber nachzudenken, wie sie sich nun »richtig« oder überhaupt verhalten sollte. Natürlich wollte sie ihm das Springen schon längst abtrainiert haben. Geschenkt! Im Augenblick fokussiert sich Susi nur darauf, dass Bommel endlich raus muss, und diesen Wunsch möchte sie ihm auch erfüllen. Eigentlich freut sie sich sogar auf die gemeinsame Spazierrunde und die Entspannung (... so ist zumindest der ursprüngliche Grundgedanke, die Motivation und die Assoziation bei uns Hundehaltern, wenn wir spazieren gehen; und gesund ist es schließlich auch ...). Dennoch ist Susi mittlerweile schon genauso aufgeregt wie Bommel. Immerhin verlaufen viele Spaziergänge, je nach Ablenkung, immer unterschiedlich und der eine oder andere gleicht einem puren Abenteuerlauf.

Immer schön stramm voran!

Susi schnappt sich im Akkord die Leine und das Geschirr und schon geht es los. Bommel kennt das Ganze bereits. Er liebt es, aus der Tür zu »fliegen« und der Welt zu sagen, dass er endlich da ist. Es stört ihn auch nicht, dass Frauchen ihre Jacke noch nicht komplett geschlossen hat. Sobald die Tür halb offen steht, nimmt man, was man kriegt. Bommel kann den Entspannungsgedanken nicht so ganz nachvollziehen. Für ihn ist das kein Wellnessausflug, sondern der Auftakt zur »gemeinsamen Jagd« – welchen Sinn sollte ein Spaziergang aus Sicht des Hundes sonst noch haben? Bommel wird zwar Frauchens jagdliche Taktik nie verstehen (»Kann man Wild während des Spaziergangs wirklich mit dem Blick in ein Handy jagen oder orten?«), dennoch nimmt er sie bereitwillig jeden Tag aufs Neue mit – sie hängt ja anscheinend an ihm bzw. an der Leine. Für Bommel geht es nun ins Paradies und Tausende von Gerüchen strömen auf ihn ein. Völlig klar, dass er jede Menge zu beschnuppern hat. Das »Zeitunglesen« beginnt direkt vor dem Haus und den richtigen Baum muss Bommel auch noch finden, also Tempo!

Susi hingegen hat Mühe hinterherzukommen. Die Leine ist gespannt. Die ersten fünf bis zehn Minuten fühlen sich eher wie ein Sprint auf dem Laufband und nicht wie ein gemütlicher Spaziergang an. Dennoch toleriert Susi diesen Ablauf. Das schlechte Gewissen hängt ihr immer noch nach. Schließlich war der Hund einige Zeit allein und muss sich doch auch endlich lösen dürfen! Susi duldet also das eigentlich ungewünschte Verhalten, dass Bommel, der derzeit sein Umfeld begrüßt, wie verrückt an der Leine zieht.

Läuft wie am Schnürchen!

Nachdem Bommel sich gelöst hat, stellt Susi fest, dass der Druck bei beiden nachlässt. Das schlechte Gewissen ebbt ab, der Hund ist entspannter und nun könnte sich der kleine Kerl an der Leine doch einfach benehmen! Könnte die Leine von sich aus entspannen und beide könnten durch den Park schlendern. Klappt aber nicht. Bommel ist eher ein Hund Marke »Hummeln im Hintern«. Er hat Gefallen daran, sich die vielen Reize drumherum von Nahem anzusehen, und da muss man eben schnell sein! Schließlich ist er an der Leine und kann eben nicht selbstbestimmt über die Wiese des Parks laufen. Er versteht auch nicht, warum seine Susi immer auf dem Weg bleibt. Wiese, Sträucher, Bäume links und rechts riechen doch viel spannender als der Weg – zumal einem da auch immer irgendjemand frontal entgegenkommt. Welcher Hund braucht denn das schon?

Verabschieden Sie sich von Multitasking. Machen Sie eins nach dem anderen.

Allerdings hat Bommel noch nicht ganz herausgefunden, ob Frauchen zu langsam ist oder ob sie gar nicht wirklich hinterher will. Es gibt Phasen, da ist es aus Bommels Sicht total klug, einfach Kraft einzusetzen (klappt meist), und Frauchen folgt schon, wohin er geht ... zieht. Doch dann gibt es Tage, da macht sie komische Dinge an der Leine. Sie bleibt stehen, zerrt ihn zurück, läuft im Zickzack ... Irgendwie kann Bommel nicht einschätzen, was sie nun wirklich will. Doch statt sich langfristig den Kopf zu zermartern, orientiert er sich an dem, was geht: an der Leine ziehen und Susi »überzeugen« mitzukommen. Für Bommel läuft im wahrsten Sinne des Wortes alles wie am Schnürchen ...

Was sollen nur die Leute denken?

Susi sieht das etwas anders. Dummerweise sind genügend andere Leute im Park und ihre Impulskontrolle ist (momentan) noch groß genug, dass sie sich zusammenreißt und ihren Hund nicht zurückzieht oder maßregelt und schimpft. Das wäre ihr vor anderen Menschen unangenehm, gerade weil sie sich ihres Verhaltens dem Hund gegenüber nicht sicher fühlt. Also: lächeln und winken.

Leider geht es Susi dabei gar nicht gut. Sie ist gestresst, würde gern anders handeln, weiß aber nicht wie. Sie benötigt Hilfestellung und Unterstützung darin, wie sie entspannter in diesen Situationen reagieren könnte. Eigentlich weiß sie ja, dass sie hätte mehr üben müssen, aber ... Na toll, haben wir das erste schlechte Gewissen erfolgreich »wegpieseln« können, stellt sich schon das nächste ein.

Die anderen Menschen machen es auch nicht besser, zumindest nicht für Susi. Bommel hingegen freut sich darüber. Auch wenn sie meist frontal auf diesem engen Weg entgegenkommen, sind die meisten doch ganz nett. Es lohnt sich oft, »guten Tag« zu sagen und an den Leuten hochzuspringen. Manche haben wirklich quietschende Stimmen, manche weiße Hosen, viele halten aber auch Streicheleinheiten und Leckerchen parat. Es lebe der Spielautomateneffekt – man weiß nie, was kommt, aber der Suchtfaktor ist für Bommel dadurch hoch.

Bei Susi dagegen weiß man schon, was kommt: Die Gesichtsmimik verkrampft sich, die Impulskontrolle schwindet und zu hören sind Floskeln wie »Entschuldigung, es tut mir leid«, »Oh nein, verdammt, lass das«, »Ach, hör endlich auf damit!« Bommel ist sich allerdings auch hier nicht immer so sicher, wen Frauchen genau mit welcher Aussage meint – ihn oder die weiße Hose? Da Frauchen sonst auf dem Spaziergang wenig sagt, ist sich Bommel sicher, dass die weiße Hose den Sturm von Frauchen abbekommen haben muss. Die scheint bei Frauchen irgendetwas zu triggern. Witzig ...

Bloß schnell nach Hause!

Susi hingegen wünscht sich nichts weiter, als bloß schnell wieder nach Hause zu kommen. Das Scannerstadium hat sie auch schon erreicht. Das nennen wir gern so, wenn der Hundehalter beginnt, vorausschauend nach anderen Hunden und Menschen Ausschau zu halten, um ihnen am besten nicht zu begegnen. Aber das Universum liefert erneut ... Ausgerechnet jetzt springt der Erzfeind ums Eck und siehe da: Bommel ist schockiert. Was will denn »DER« schon wieder auf seinem Territorium? Sie können sich seit Jahren nicht ausstehen und dennoch wagen sich »ER« und sein Herrchen immer noch in Bommels Revier. Dem muss endlich mal ein Ende gesetzt werden und mit einem Mal hängt Bommel siegessicher und mit klarer Aggressionsbereitschaft in der Leine und pöbelt um sich. Susi hingegen hält nur dagegen und ist froh, wenn sie selbst nicht umgerannt wird. Sie bemüht sich nach Leibeskräften, schnellstmöglich der Staubwolke zu entfliehen, und sieht zu, dass beide Hunde großen Abstand zueinander gewinnen.

Immer diese Versuchungen!

Während Bommel einige Meter benötigt, um sich wieder zu entspannen, sichtet Frauchen auf dem Weg zum Freilauf die nächste Überraschung. Das Nachbarskind ist in derselben Richtung unterwegs. Es isst vergnügt ein Eis, genauso wie das letzte Mal, als Bommel sich dann entschieden hatte, seine spielenden Kumpels für Mango-Schoko links liegen zu lassen. Das Geschrei war groß. Bommel hatte sich ganz schön erschreckt und zeigt nun auch unsicheres Verhalten gegenüber dem Kind.

Susi sieht schon, dass Bommel sich nach hinten fallen lässt und ängstlich wirkt. Er möchte den Kontakt meiden und erstarrt. Susi fragt sich, was er nun schon wieder hat. Sie ist für heute bedient und beschließt, eine Abkürzung zu nehmen. Zur Wiese schaffen es beide nicht mehr, auch wenn Bommel den Freilauf dort dringend benötigen würde. Aber mehr Chaos braucht Susi heute nun wirklich nicht mehr, sie will sich nur noch zu Hause verkriechen. Der Freilauf muss warten. Vielleicht später. Schließlich gehen die beiden ja in vier Stunden schon wieder zusammen spazieren …

ALLTÄGLICHE MISSVERSTÄNDNISSE

DIE SITUATION: *Überlegen Sie, wann Sie sich wie Susi vorkommen und Ihr Hund sich wie Bommel fühlt. Die Gefühle, die wir während eines Spaziergangs erfahren, nimmt unser Hund binnen kürzester Zeit wahr und passt sein Verhalten an. Wir beeinflussen durch unsere Gefühle und Gedanken das Verhalten unseres Hundes.*

WAS SIE DENKEN: *Wie macht der Hund das nur? Genau dann, wenn ich mich eh schon unwohl fühle, reagiert er mit ungewünschtem Verhalten. Es scheint wie verhext zu sein. Nein, es ist Stimmungsübertragung. Die gute Nachricht: Bald nutzen Sie diese für sich.*

WAS IHR HUND DENKT: *Ihr Hund spürt, wie es Ihnen geht. Werden Sie etwa bei Sichtung Ihres Nachbarn unsicher, weil Sie ihn nicht mögen, so realisiert Ihr Hund dies. Da die schlechte Stimmung mit dem Menschen zeitgleich auftritt, folgert der Hund einen Zusammenhang und reagiert zukünftig wahrscheinlich auch mit unsicherem Verhalten.*

Manche Dinge verselbstständigen sich im Alltag. Bis sie stören, fallen Kleinigkeiten gar nicht auf.

Wie konnte es nur dazu kommen?

Aus Gesprächen mit Hundehaltern hören wir oft heraus, dass sie sich fragen, was sie im Lauf der Zeit übersehen haben. Der Hund war ja früher nicht so und plötzlich oder seit einiger Zeit machen die Spaziergänge keinen Spaß mehr. Sie merken schon, wir suchen die Ursache nicht nur auf einem Spaziergang, sondern schauen uns den Verlauf der letzten Jahre und Monate an. Oft versucht man Rückschlüsse zu ziehen, indem man nach Situationen fahndet, die dazu geführt haben könnten, dass Hund und Halter nicht mehr als Team zu erkennen sind. Durch Erklärungen geht es uns oft besser.

Doch nicht immer lässt sich alles reproduzieren. Es gibt schleichende Prozesse, die durch Missverständnisse in der Kommunikation zwischen Hund und Halter entstehen und dafür sorgen, dass nichts mehr ist wie früher. Die Pubertät des Hundes etwa führt zu vielen Veränderungen, ebenso bringen viele (ältere) Hunde, die in ein neues Zuhause kommen, ihre gewohnten Verhaltensweisen mit und zeigen sie auch. Für einen »neuen« Hundehalter bedeutet dies oft einen Sprung ins kalte Wasser.

Hören Sie auf Ihr Bauchgefühl

Sie werden im Verlauf der Lektüre erfahren, dass Ihr Bauchgefühl Ihren Verstand meist immer – zumindest im ersten Moment – zu seinen Gunsten beeinflussen kann. Das Bauchgefühl ist ein wichtiger Kommunikator – für alle Lebewesen. Unsere Hunde kennen ihr eigenes und können sich blitzschnell auf unseres einstellen. Viele sind überrascht, wenn ihr Vierbeiner etwa den Arbeitskollegen anknurrt, den man selbst nicht mag, auch wenn man es dem Hund nie erzählt hat. Aber das ist gar nicht nötig. Der Hund weiß es, weil er die Stimmung seines Halters binnen Sekunden wahrnimmt und sich darauf einstellt.

Bin ich als Halter nicht glaubwürdig gegenüber dem Hund, so ist es für ihn fragwürdig, sich an mir zu orientieren, denn das ergibt biologisch keinen Sinn. Viele Hundehalter wünschen sich, dass ihr Hund impulskontrolliert reagiert, wenn er an anderen Reizen vorbeigeht. In fast allen Fällen ist es der Hundehalter aber auch nicht. Alle »Versuche« durchschaut der Hund und spiegelt lieber die wahre, authentische Stimmung wider. Aus seiner Sicht ist das sinnvoller.

Die Vergangenheit ruhen lassen

Können Sie nicht beantworten, wie es zu einem vermeintlich neuen Verhalten Ihres Hundes kommen konnte, so lassen Sie diese Frage erst einmal getrost ruhen. Spekulationen werden Ihnen nicht helfen und unterstützen den zukünftigen Umgang mit dem Hund auch nicht. Aber Sie können etwas anderes Kluges tun.

Stattdessen können Sie ...

... sich mit der Kommunikation zwischen Ihnen und Ihrem Hund beschäftigen. Wir suchen oft die Fehler im Äußeren bzw. im für uns Sichtbaren. Dabei verschließen wir uns aber vor dem engen Band, das zwischen uns und unserem Vierbeiner im Lauf der gemeinsamen Zeit entstanden ist.

Folgende Fragen sind zu klären:

- Welche Bedürfnisse hat mein Hund (während des Spaziergangs)?
- Welche Bedürfnisse habe ich als Hundehalter (während des Spaziergangs)?
- Wie kommunizieren Hunde – miteinander und mit mir?

Sie werden im Folgenden lesen, dass die Lösungen mehr zwischen Ihnen und Ihrem Hund liegen als bei anderen Menschen oder Hunden. Das sind doch positive Nachrichten, finden Sie nicht? Denn haben Sie schon einmal versucht, andere Menschen zu ändern? Meist endet das in Frust. Fangen Sie am besten bei sich und Ihrem Hund an – damit haben Sie die Zügel Ihrer Zukunft fest in der Hand. Es wird Ihr Spaziergang, den Sie und Ihr Hund genießen können.

Ein enges emotionales Band ist wichtig für das Wohlbefinden von Hund und Halter.

Genießen Sie zusammen mit Ihrem Hund immer wieder mal kleine Auszeiten in Ihrem Alltag.

Sport und regelmäßige Auslastung sind auch für Hunde wichtig. Bewegung baut Stress ab.

Für ein harmonisches Zusammenleben ist es wichtig, auch die Bedürfnisse des anderen zu kennen.

WELCHE BEDÜRFNISSE HAT DER HUND?

Stellen Sie sich vor, ein Psychologe fragt Ihren Hund, welche Bedürfnisse er hat. Was würde Ihr Liebling antworten?

Oft – leider zu unserer großen Enttäuschung – liegen die Bedürfnisse des Hundes nicht in einem Jahresabonnement bei Futtermittelherstellern und endlosen Spielen mit anderen Hunden, sondern in anderen Bereichen.

Bedürfnisse sind dazu da, um gestillt zu werden. Das klingt jetzt vielleicht sehr egoistisch, ist jedoch eher pragmatischer Natur. Wenn ein Bedürfnis gestillt werden soll, wird damit vermieden, dass ein Mangel entsteht oder sich weiter ausbreitet. Konnte ein Bedürfnis befriedigt werden, so erlangt ein Lebewesen Sicherheit. So auch unser Hund. Das A und O ist also, dass wir die Bedürfnisse unseres Hundes kennen, um sie zu stillen und um ihm Sicherheit zu bieten, sodass er seine Balance finden kann.

So ist der Hund in Balance

Nun wird auch verständlich, warum Leckerchen allein nicht ausreichen, sondern eher oberflächlicher Natur als Bonbon on top anzusehen sind. Aber Sicherheit vermitteln sie nicht. Stattdessen benötigt unser Vierbeiner etwas anderes und die gute Nachricht ist: Sie können ihm genau das bieten! Ohne weitere Hilfsmittel – nur Sie. Alle Fähigkeiten sind uns mitgegeben worden, wir müssen nur wissen, wie wir sie anwenden können.
In unserem Buch »Life-Dog-Balance« haben wir unter anderem auf das Glücksrad hingewiesen, das die Bedürfnisse des Hundes aufzeigt. An dieser Stelle wiederholen wir gern die wichtigsten Fakten.

Orientierung im Raum

Der Hund benötigt eine Orientierung in dem Raum, in dem er sich befindet. Raum bedeutet sicherlich vier Wände und ein Dach, aber auch die tägliche Spazierrunde in Wald und Flur. Auch das ist für den Hund ein Raum, in dem er orientiert sein möchte. Für uns Hundehalter ist das schon wieder etwas anderes, weil Wände und Dach fehlen. Wir haben es mit einem sehr großen Raum zu tun. Da dem Hund aufgrund starker und attraktiver Ablenkung oft draußen die Orientierung fehlt, ist verständlich, warum er draußen häufig(er) ungewünschtes Verhalten zeigt.
Unsere Aufgabe liegt darin, dem Vierbeiner den Raum vorzugeben, in dem er sich entspannt aufhalten kann. Es gibt Hunde, die lieben es, frei zu laufen, und haben damit auch kein Problem. Sie sind gut orientiert. An der Stelle müssen wir also nichts verändern. Das machen wir nie, wenn etwas gut läuft. Doch es gibt genug Hunde, die sich vermeintlich selbst verlieren, wenn der Abstand zu groß zum Halter wird. Übersprungshandlungen bis hin zu Aggressionsverhalten können die Folge sein. Nehmen Sie einen solchen Hund hingegen an die Leine und verkleinern damit den Raum für ihn, kann es sein, dass er an lockerer Leine viel entspannter mitläuft. In diesem Fall haben Sie Ihren Hund durch eine Verkleinerung des Raums Halt und Orientierung gegeben. Bedenken Sie bei Ihren Spazierrunden, dass eine Leine auch einen Raum vorgeben kann.

Ihre Aufgabe Finden Sie die passende »Raumgröße« für Ihren Hund. Welchen Abstand zu Ihnen mag er am liebsten? Wann reagiert er am besten und kommuniziert am meisten von sich aus mit Ihnen?

Regeln und Rituale

Hunde können sich im Alltag sicher fühlen, wenn sie sich an Regeln und in der Folge an konsequent umgesetzten Ritualen orientieren können. Heute hü, morgen hott macht alle nur aufgeregt und wuschig. Rituale schaffen durch immer wiederkehrende Bestätigung Klarheit und Sicherheit. Ihr Hund wird so immer entspannt und zum täglich grüßenden Murmeltier.

Nutzen Sie die Chance, Ihren Hund jeden Tag besser kennenzulernen.

Da Ihr Hund Ihren inneren Wortlaut nicht versteht, bleibt ihm nur die Orientierung an Ihren Handlungen und Ihren Konsequenzen.

Ihre Aufgabe Gehen Sie mal Ihren Alltag durch: Wann sind Sie konsequent und in welchen Situationen wären Sie gern konsequenter?

Sie, der Hund und Ihre Rollen

Hunde fühlen sich pudelwohl, wenn sie wissen, welche Rolle sie selbst und welche Sie spielen bzw. noch besser: wenn Sie authentisch leben. Sicher fühlt man sich eben nur, wenn man weiß, wie und wo man im Leben steht. Auch wir kennen das. Sollen wir ohne Arbeitskleidung unseren Job ausführen, so fehlt uns etwas. Besser sind wir, wenn wir die Rollen glaubwürdig leben.

Es kann durchaus sein, dass Sie und Ihr Hund die Rollen über den Tag auch mal wechseln. Auf dem Spaziergang schlüpft er, genauso wie Sie, in eine andere Rolle. Drinnen verhält man sich anders als draußen. Schauen, Sie, welche Rollen für Sie beide passen könnten: Mutter und Kind? Arbeitgeber und Arbeitnehmer? Zwei Freunde?

Ihre Aufgabe Wer sind Sie für Ihren Hund und wer ist der Hund für Sie? Sind die Rollen in allen Bereichen des Alltags für Sie sinnvoll oder gibt es Situationen, in denen Ihr Hund oder Sie eine andere Rolle haben sollte? Welche Rolle sollten Sie auf dem Spaziergang für Ihren Hund einnehmen und in welche Rolle könnte er schlüpfen, um auch bisherige stressige Situationen gut zu meistern?

Konzentration

Ihr Hund erwartet von Ihnen, dass Sie sich auf ihn konzentrieren, wenn Sie mit ihm unterwegs sind und mit ihm arbeiten. Sind Sie konzentriert, so wird er es auch sein. Im selben Maß, wie Ihre Konzentration nachlässt, wird auch seine nachlassen.

Ihre Aufgabe Testen Sie, wie lange Sie sich am Stück auf ein Thema konzentrieren können. Beginnen Sie zunächst ein Training mit Ihrem Vierbeiner und hören Sie sofort damit auf, wenn Sie merken, dass Sie im Geiste abwandern. Stoppen Sie die Zeit. Sie werden überrascht sein, wie kurz unsere Konzentrationsspannen sind. Planen Sie daher lieber kleine Einheiten mit dem Hund ein, da Sie bei diesen hundertprozentig anwesend sind.

SHORTCUT:

Ihr Hund zeigt Ihnen keine Grenzen auf, sondern die Möglichkeiten, die Sie haben!

Klarheit

Ihr Hund wünscht sich Klarheit. Sagen Sie also nicht ja, wenn Sie nein meinen. Übertragen Sie das auf alle Situationen und er wird glücklich sein. Klarheit ist wichtig und vereinfacht sein Leben. Keine Angst: Ihr Hund ist nicht böse auf Sie, wenn Sie ihm konsequent etwas nicht erlauben. Er nimmt es als gegeben hin. Aber es macht ihn unsicher, wenn er mal an der Leine spielen darf und mal nicht. Das kann er nicht einordnen und wird immer wieder versuchen, zu seinen Gunsten zu entscheiden.

Ihre Aufgabe In welchen Situationen entscheiden Sie klar und konsequent? Das sind wahrscheinlich all diejenigen, in denen Sie keine Probleme mit Ihrem Hund haben. Aber was ist mit den anderen? Könnte die Unklarheit das Problem unterstützen? Wie entscheiden Sie sich zukünftig klar?

Körpersprache

Möchten Sie nach links gehen, so richten Sie den Körper auch nach links und nicht nach rechts. Schauen Sie dabei NICHT auf Ihren

Nähe und Distanz bauen sich zu jedem Lebewesen individuell auf. Welche Nähe mag Ihr Hund?

Fühlt sich der Hund in (s)einem Raum wohl, so erkennen Sie das oft an einer »lächelnden« Leine.

Beobachten Sie, wie viel und wann Ihr Hund Lebensfreude zeigt. Lernen Sie seine Bedürfnisse kennen.

Hund, sondern in Ihre Laufrichtung. Das macht es für den Hund einfacher. Achten Sie auf eine freundliche, aber eindeutige Kommunikation. Wenn Sie mit Ihrem Hund sprechen und wollen, dass er eine Aufgabe erledigt, so halten Sie eine angenehme Körperspannung, die Ihre Erwartungshaltung aufzeigt. Ihr Hund orientiert sich an Ihnen und sieht, dass Ihr Bauchgefühl mit der Körpersprache übereinstimmt. Er nimmt Ihnen ab, dass Sie etwas von ihm wollen, und wird schnell bereit sein, Ihrem Wunsch Folge zu leisten.

Ihre Aufgabe Wie nimmt Ihr Hund Sie wahr? Fordern Sie Ihren Hund auf, bei Fuß auf dem Spazierweg neben Ihnen zu laufen. Versuchen Sie, ihn nur über Ihre Körperspannung in der Fußposition zu belassen. Er sollte nicht über eine Leine in der Position gehalten werden. Läuft er einige Schritte mit, so verändern Sie die Körpersprache, etwa indem Sie etwas lascher werden oder sich unnötige Bewegungen (wedeln mit den Armen) aneignen. Wie reagiert der Hund auf Sie? Schaffen Sie es, allein mit Ihrer Körperspannung den Vierbeiner wieder in die Fußposition zu bewegen?

> **UNSER TIPP:** *Neben den auf diesen Seiten genannten Bedürfnissen des Hundes sind ausreichend lange Spaziergänge bzw. genügend Auslauf, Sozialkontakte zu Menschen und Artgenossen sowie die Versorgung mit Wasser und artgerechtem Futter zur Nahrungsaufnahme wichtige Grundbedürfnisse, die wir unserem Vierbeiner ausreichend erfüllen müssen.*

Innere Balance

Schönes Aussehen allein reicht nicht. Ihr Hund nimmt Ihnen das nicht so einfach ab. So ist er verunsichert, wenn Ihre Körpersprache nicht zu Ihrer sonstigen Stimmung passt. Achten Sie darauf, dass Sie (speziell) während der Trainingseinheiten in einem ruhigen, entspannten Modus mit Ihrem Liebling arbeiten, der sich im besten Fall auf den Hund überträgt.

Ihre Aufgabe Gehen Sie mit Ihrem Hund spazieren. Fordern Sie ihn zu einem Spiel auf, bei dem er sich im normalen Lauftempo (Trab) bewegt. Nach einigen Sekunden werden Sie ganz ruhig, setzen sich auf den Boden und atmen in aller Ruhe in Ihren Bauch. Wie lange dauert es, bis sich auch der Hund zu Ihnen gesellt und Ihre ruhige Stimmung annimmt?

Den Istzustand ermitteln

All diese Bedürfnisse, die der Hund verspürt, können Sie ihm als Halter erfüllen. Das bedeutet, dass er dadurch automatisch auch eine gute Orientierung an Ihnen bekommt.

Ihre Aufgabe Für den Istzustand schauen Sie sich die jeweiligen Bedürfnisse des Hundes noch einmal an und schreiben Sie sich auf, zu wie viel Prozent Sie sie befriedigen können. Notieren Sie sich auch ein Datum. Wiederholen Sie diese Aufgabe gern alle vier Wochen und überprüfen Sie so, was sich zwischen Ihnen und Ihrem Hund im Lauf der Zeit verändert.

Der Videofilm deckt auf

Ein Istzustand ist eine Bestandsaufnahme dessen, was Sie mit Ihrem Hund bisher erreicht haben. Machen Sie diese zu Beginn eines Trainings, wenn Sie eine ganz neue Übungsidee umsetzen möchten. Haben Sie Ihr Ziel definiert, so können Sie den Istzustand mit dem Sollzustand (Ihrem Ziel) abgleichen. Sie erkennen daran, was Ihr Hund schon gut umsetzen kann und woran es noch hapert. Sie werden sehen, dass Sie für das folgende Training ein gutes Gefühl erlangen, da Sie sich und Ihren Hund besser einschätzen können und sich Ihre Ergebnisse messen lassen.

Unser Tipp: Nehmen Sie sich mit einer Videokamera auf. So können Sie sich und Ihren Hund von außen beobachten und die Einheit auch mehrfach abspielen. Schauen Sie sich, Ihren Hund und den Umgang mit Hilfsmitteln, wie Leine, Spielzeug oder eben alles an, was Sie in diesem Augenblick einsetzen. Schreiben Sie auf, was Ihnen auffällt. Der Film verschönt und verschlechtert nichts – er zeigt nichts anderes als die nackte Wahrheit. So haben Sie die Chance, Dinge zu erkennen, die Sie nicht unbedingt wahrnehmen, während Sie aktiv mit Ihrem Hund arbeiten. Es fällt nun mal schwer, zu trainieren, sich auf das Training zu konzentrieren und sich gleichzeitig zu reflektieren und beim Training zu beobachten.
Versuchen Sie bei der Durchführung, trotz laufender Kamera, nichts zu verbessern oder bereits Trainingsschritte einzubauen. Das verfälscht Ihr Ergebnis. Es geht wirklich darum, dass Sie Stärken und Schwächen aus Ihrem Umgang mit dem Hund ableiten können.

ALLTÄGLICHE MISSVERSTÄNDNISSE

DIE SITUATION: *Der Hund will nicht spielen – ist das nicht unerhört? Da geht man extra zum See und nimmt den Ball mit, aber der Vierbeiner will einfach nicht mit Herrchen oder Frauchen spielen! Viele Hundehalter fragen sich nun, was wohl mit ihrem besten Freund nicht stimmt.*

WAS SIE DENKEN: *Für viele Hundehalter bricht das eine oder andere Mal eine kleine Welt zusammen, wenn der Hund nicht spielen mag. Sie fühlen sich außen vor und gleichzeitig fragen sie sich sorgenvoll, warum der Hund so partout keine Lust hat, ausgelassen mit ihnen zu spielen.*

WAS IHR HUND DENKT: *»Boah, lass mich doch einfach in Ruhe! Ich mag dich, aber jetzt hab ich einfach keine Lust, mit dir zu spielen!« Es gibt Hunde, die nicht gern spielen, oder aber das richtige Spiel für diese Vierbeiner wurde noch nicht gefunden. Interpretieren Sie darin keine Bewertung Ihrer Person hinein. Akzeptieren Sie es einfach. Es ist in Ordnung.*

Exkurs

SO TEILT DER HUND MIT, DASS ER EIN BEDÜRFNIS HAT

Die Motivation des Hundes kann anhand seines Ausdrucks- und Kommunikationsverhaltens abgeleitet werden. Das zeigen die folgenden Spaziergangs-Klassiker.

Ein entspannter Hund läuft mit seinem typischen Ausdrucksverhalten auf dem Spaziergang mit Ihnen. Oft erkennen Sie Entspannung, wenn sich der Hund auf dem Rückweg der Gassirunde befindet und die meisten Reize bereits aufgenommen wurden. Der Spaziergang ist für ihn routiniert und keine neuen spannenden Ablenkungen lassen ihn aufhorchen.
Die Körpersprache bringt zum Ausdruck, dass der Körper nun in den Energiesparmodus übergeht. Die Rute hängt locker herunter, der Kopf tendiert auch eher nach unten, der Körper wippt in sich rhythmisch. Sie finden nur die Körperspannung, die es zum Laufen bedarf. Der ganze Hund und seine Muskeln fühlen sich weich an. Dem Organismus geht es gut und der Spaziergang kann so friedlich beendet werden. Freuen Sie sich über diesen Zustand, wenn Sie ihn bei Ihrem Vierbeiner erkennen. Er zeigt Ihnen, dass seine Welt rundum in Ordnung ist.

Angstverhalten und territoriale Ansätze
Signalisert Ihr Hund hingegen, dass er sich unwohl fühlt, können Sie bei ihm Angstverhalten identifizieren. Erstes Merkmal ist häufig eine Verzögerung im Verhalten. Der Hund zeigt ein Meideverhalten: Er meidet z. B. das Vorwärtsgehen oder einen bestimmten Punkt am Boden. Ein weiteres wichtiges Erkennungsmerkmal ist eine in Richtung Bauch eingezogene Rute. Der Rücken krümmt sich etwas, der ganze Vierbeiner wirkt runder.
Sie erkennen, dass der Hund sein Gewicht verlagert, meist nach hinten, um sich fluchtbereit zu machen. Vielleicht bemerken Sie auch Angriffstendenzen, die nach vorn ausgerichtet sein können. Hinzu kommen häufig noch unruhiges Verhalten und beispielsweise vergrößerte Pupillen. Nehmen Sie bereits die kleinsten Nuancen wahr, können Sie den Hund frühzeitig aus dem stressigen Kontext herausnehmen, sodass sich der Stresspegel wieder senken kann.

In jeder Sekunde können Sie die Stimmung des Hundes am Ausdrucksverhalten ablesen. Ihr Hund teilt Ihnen immer mit, wie es ihm geht.

»Hunde sind soziale Lebewesen und brauchen Umgang mit Sozialpartnern. Dies sind im besten Fall andere Hunde oder auch wir Menschen.«

Mag Ihr Rüde auf dem Spaziergang keine anderen Rüden, hat das häufig den Ursprung in einem Konkurrenzdenken. Dieses wird auf den Spaziergang »mitgenommen« – der Hund hält (zusätzlich) den bekannten Spaziergehweg für sein Territorium. Diese territoriale Verteidigung hat ihren Ursprung im Angstverhalten. Viele Hunde wirken auf Menschen sehr selbstbewusst, wenn sie ihr Territorium verteidigen. Das Verhalten beschreiben sie eher als offensiv (alles ist nach vorn gerichtet und wirkt selbstbewusst) und nicht als defensiv. Das kann auch gut sein, da sich der Hund den Situationen anpasst. Ein Territorium wird immer wieder verteidigt, wenn es wichtig ist. Der Hund lernt über den Erfolg und somit auch seinen Gassiweg trotz ursprünglichen Angstverhaltens immer sicherer zu verteidigen. Dadurch lassen sich auf dem Spaziergang gleichzeitig offensive und defensive Verhaltensweisen erkennen.

Bedürfnis nach Sozialkontakten

Als soziale Lebewesen brauchen Hunde den Umgang mit Sozialpartnern. Dies sind im besten Fall andere Hunde oder auch wir Menschen. Täglich sollte Ihr Vierbeiner also ausreichend Kontakt halten können, um diesem Bedürfnis nach Nähe und Kommunikation nachkommen zu können.

Exkurs

Was gibt es Besseres als einen Spaziergang, bei dem viele Menschen und Hunde unterwegs sind? Am Verhalten des Vierbeiners erkennen Sie schnell, ob dieser das Bedürfnis hat, zu einem anderen Hund zu laufen. Hat Ihr Hund einen Artgenossen ins Visier genommen, so richtet er seinen Körper in dessen Richtung. Der Körper spannt sich an, die Rute erhebt sich meist, die Mimik wird nach vorn gerichtet und der Kopf angehoben. Oft vokalisieren Hunde und winseln in die Richtung des anderen. Die Leine spannt sich und der Vierbeiner reagiert nicht mehr zwangsläufig auf eine Ansprache durch Herrchen oder Frauchen.
Treffen Sie eine Entscheidung, ob Sozialkontakte nun erwünscht sind oder nicht. Die Signale »Weiter« (wir gehen weiter, ohne Kontakt) und »Ok« (du darfst zum anderen Hund) unterstützen Sie und bringen Klarheit für den Hund in dem Kontext. Geben Sie dem Hund früh die Information, was Sie sich wünschen. Überlegen Sie zu lang, so nimmt Ihr Hund Ihnen die Entscheidung schnell zu seinen Gunsten ab und verstärkt die Intensität seiner Absicht. Oft endet das in einem Tauziehen. Erkennen Sie also früh sein Bedürfnis und übermitteln Sie ihm genauso früh Ihre Entscheidung zu dem Thema.

Bedürfnis nach Auslastung und Bewegung

Hunde wollen und sollen sich ausreichend bewegen können. Sicherlich kennen Sie Ihren Vierbeiner bestens, beobachten Sie ihn dennoch genau. Wann im Verlauf Ihres Tages wird er unruhig? Sagt ihm seine Chronobiologie, dass Sie bald zum Spaziergang aufrufen? Fordert er Sie durch Gebell oder nervöses Umherlaufen auf, dass Sie sich bereit zum Spaziergang machen sollen? All das können Sie als Vorfreude auf die bevorstehende Gassirunde deuten. Aber auch draußen gibt es genügend Anzeichen, die

Die regelmäßige artgerechte Auslastung wird sich auch positiv auf Ihre Spaziergänge auswirken.

dafür sprechen, dass die Leine gelöst werden sollte (zumindest aus Sicht des Hundes).
Es gibt Hunde, die permanent ziehen und das vom ersten Schritt des Spaziergangs an. Auch nach den üblichen zehn Minuten kommt keine Ruhe rein – der Hund zieht und zieht. Er scheint ein großes Bedürfnis nach Auslastung zu haben. Am liebsten würde man die Leine losmachen und den Hund laufen lassen. Doch das ist nicht immer möglich. Wenn Sie einen Hund haben, den Sie nicht in der Öffentlichkeit von der Leine lassen können, brauchen Sie andere Hilfestellungen. Möglicherweise finden Sie einen gesicherten, eingezäunten Bereich, wie einen Garten, in dem der Hund im Freilauf kognitiv und körperlich regelmäßig ausgelastet wird. Durch die Regelmäßigkeit werden die normalen Spazierrunden auch bei vielen Hunden entspannter. Diese Auslastung sollte den Spaziergang auf keinen Fall ersetzen, sondern zusätzlich bereichern. Durch Bewegung und kognitive Anstrengung kann der Hund Stress abbauen und so gelingt es ihm, sich insgesamt mehr in Balance zu befinden.
Wenn Ihr Hund immer nur Tempo nach vorn macht, Sie ihn aber gar nicht frei laufen lassen können, so bauen Sie unbedingt Auslastungszeiten ein, die Ihren Vierbeiner kognitiv fordern, wie beispielsweise Schnüffelarbeit. Lassen Sie sich hierzu am besten professionell anleiten, sodass Sie Ihrem Liebling auch Herausforderungen anbieten können, die über eine einfache Leckerchensuche hinausgehen.

»Durch Bewegung und kognitive Anstrengung kann der Hund Stress abbauen und so gelingt es ihm, sich insgesamt mehr in Balance zu befinden.«

Schmerzen erkennen

Sie und Ihr Hund sind bestimmt gut eingespielt. Das ist wunderbar. Bleiben Sie aber aufmerksam, wenn Sie Unregelmäßigkeiten im Alltag bemerken. Hechelt Ihr Hund verstärkt? Humpelt oder lahmt er? Frisst er nicht mehr oder untypischerweise zu viel? Bleiben Sie hier wachsam und konsultieren Sie einen Tierarzt.
Chronische Schmerzen entstehen schleichend und werden oft vom Halter nicht erkannt. Hinzu kommt, dass Schmerzen im Laufapparat beim Hund auch nur von Fachleuten diagnostiziert werden, weil Hunde diese oft kaschieren. Lassen Sie Ihren Hund bei der jährlichen Kontrolle also am besten auch gleich auf sein Gangbild hin untersuchen. Der Maßstab an Gesundheit ist leider nicht, ob der Hund noch einem Ball hinterherlaufen würde, wenn man diesen wirft.

Exkurs

Hat der Hund Spaß am Ball, so wird er auch humpelnd hinterherlaufen. Es sieht aus, als hätte er wie von Zauberhand eine Spontanheilung vollzogen. In hoher Geschwindigkeit folgt er dem Ball. Auch später, beim Antreffen des Erzfeinds oder einer läufigen Hündin, benimmt er sich wie immer. Daraus schließen einige Hundehalter, dass ihr Vierbeiner gar keine Schmerzen haben kann.

Dem ist aber nicht so. Hier herrscht nicht die Vernunft eines Menschen, der sich ins Bett legen würde, sondern die biologische Strategie. Ein kränkelndes Lebewesen in freier Natur hat verloren. Schwäche sollte besser nicht gezeigt werden. Das klappt leider hervorragend – zumindest nach außen hin. Innen sieht es anders aus und deshalb: ab zum Tierarzt, um Schmerzen ausschließen oder therapieren zu können.

Das Bedürfnis zu jagen

Aus Sicht des Hundes ist der gemeinsame Spaziergang der Auftakt zur Jagd. In jedem Hund steckt ein Jäger – in dem einen mehr, im anderen weniger. Während ein Weimaraner seiner Beute schon längst gefolgt ist, verarbeitet der Sennenhund noch mit dem Blick die Spur und wundert sich über die Schnelligkeit des Hasen. Dennoch unterschätzen Sie nicht die vermeintlichen Nicht- oder Wenigjäger unter den Vierbeinern. Auch sie wittern und nehmen jagdbare Beute wahr.

Wie gern ein Hund jagt, was er jagt und ob er dabei kontrollierbar ist, hängt zunächst von seiner Genetik ab. Aber auch gemachte Erfahrungen, wie etwa die Erziehung, sind wichtige Faktoren. Stellen Sie auf dem Spaziergang fest, dass Ihr Hund auf sogenannte Beutereize verstärkt reagiert und daraufhin nicht ansprechbar ist, besitzt er wahrscheinlich eine erhöhte Jagdmotivation.

Uns fällt immer wieder auf, dass Hundehalter oft nicht erkennen, dass ihr Vierbeiner an der kurzen Leine Jagdverhalten demonstriert. Denn bereits das Verfolgen eines Schmetterlings mit den Augen und das ständige Suchen mit der Nase können Hinweise sein, dass ein Hund unkontrolliertes Jagdverhalten zeigt. Probieren Sie doch einmal aus, ob Sie sein Verhalten unterbrechen können. Im späteren Verlauf dieses Ratgebers gehen wir auf das Thema noch genauer ein.

Aggressionen bei Leinenreaktivität

Ein Ausrasten des Hundes an der Leine, wenn er andere Artgenossen sieht, kann unterschiedliche Ursachen und auch Ausmaße haben. Es gilt herauszufinden, was den Vierbeiner zu diesem Verhalten antreibt. Grundsätzlich müssen wir verstehen, dass es sich in den meisten Fällen nicht um eine wirkliche Aggression handelt, das Bedürfnis, den anderen zu vertreiben. Es kann durchaus auch vorkommen, dass der

Frust an der Leine zeigen uns unsere Hunde sehr deutlich. Gehen Sie der Ursache auf den Grund.

»Aus Sicht des Hundes ist der gemeinsame Spaziergang der Auftakt zur Jagd. In jedem Hund steckt ein Jäger – in dem einen mehr, im anderen weniger.«

Hund einfach zu einem anderen Artgenossen möchte, aber weil er dies nicht kann, sehr, sehr frustriert ist. Diesem Gefühl verleiht er durch Gehopse, Geschrei und Gebell Ausdruck. Das gleiche Verhalten könnte Ihr Vierbeiner zeigen, wenn er Angst vor dem anderen Hund hat.

Dem liegt ein in der Realität häufig ablaufender Entwicklungsprozess zugrunde: Der ängstliche Hund möchte sich dem anderen Artgenossen nicht nähern. Dieses Meideverhalten wird oft vom Menschen übersehen und der Hund muss in die eingeschlagene Richtung weiterlaufen. Er kommt dem Kontrahenten, der bei ihm die Angst auslöst, also immer näher. In seiner Not fängt er an zu knurren, weil er sich mehr Distanz wünscht. Auf dieses Verhalten reagiert dann entweder der Entgegenkommende oder der eigene Halter, indem er einen Bogen läuft oder anders für Distanz sorgt. Ziel erreicht!

Erfährt der Hund diese Reaktion öfters, muss er zwangsläufig lernen, dass sein aggressives Verhalten für Entspannung sorgt. Es gilt also herauszufinden, was der Hund möchte und von sich aus tun würde, wenn er nicht an der Leine wäre. Keine Sorge, Aufklärung und Gestaltungswillen im Hinblick auf dieses Thema gibt es zur Genüge im weiteren Verlauf des Buches. Hier geht es erst einmal um Denkanstöße.

WELCHE BEDÜRFNISSE HABEN SIE ALS HUNDEHALTER?

Der Fokus liegt meistens auf dem vierbeinigen Ende der Leine – doch vergessen Sie nicht sich selbst und Ihre eigenen Bedürfnisse.

Schnell, schnell den Hund glücklich machen, um gleich mehrere Fliegen mit einer Klappe zu schlagen: Der Hund kommt raus, er kann sich lösen und bewegen und Ihr schlechtes Gewissen sinkt. Dagegen ist nichts einzuwenden und der gute Wille sicherlich lobenswert, aber wo bleiben Sie bei der Sache? Ein moderner Spaziergang 2.0 sollte deutlich anders aussehen – Ihr Hund und Sie sollten im Mittelpunkt stehen.

Der Wunsch nach einem entspannten Spaziergang

Bei der Anschaffung eines Hundes ist man sich sicher: Der Hund soll eine Bereicherung für das eigene Leben werden. Ein immer wieder vorgetragenes Argument ist, dass man sich selbst mehr an der frischen Luft aufhält. Seine eigene Gesundheit wird bewusst in den Vordergrund gestellt. Das sind klare Argumente für einen Hund. Schnell geraten diese Gründe aber in Vergessenheit oder sind nicht motivierend genug, wenn die Realität sich von der Wunschvorstellung wegentwickelt.

Wir erkennen häufig, dass sich der Fokus des Hundehalters verändert. Statt an seinen Plänen oder Ideen festzuhalten, konzentriert man sich auf die entstehenden Probleme, die bekanntlich unterschiedlicher Natur sein können. Susi und Bommel haben Sie ja schon kennengelernt. Hinzukommt, dass Hundehalter sehr leidensfähig sein können. Ihr Hund ist ihnen wichtig und folglich gibt jeder alles erdenklich Mögliche und beißt die Zähne zusammen: Schmerzen vor lauter Leinenzieherei an Arm und Rücken oder Angst vor allem, was hinter der nächsten Ecke lauern könnte – so machen Spaziergänge wirklich keinen Spaß!

Bloß keine anderen Menschen treffen!

Viele Halter berichten, dass es ihnen unangenehm ist, auf andere Menschen zu treffen, da sie nie wissen, wie ihr Hund reagieren wird. Sie schämen sich, die Situation nicht mehr kontrollieren zu können. Die Spaziergänge werden kürzer, angespannter und frustrierender. Man lässt sich durch die einwirkende Umwelt und andere Personen in seinen Gedanken und seinem Umgang mit dem Hund beeinflussen.

Zeit, Ihre Bedürfnisse wahrzunehmen

Wenn Sie wieder Lust und Freude auf Ihren Spaziergängen verspüren möchten, sind Sie jetzt am Zug! Damit Ihre Vorstellung von einem entspannten und erholsamen Spaziergang mit Ihrem Vierbeiner Realität werden kann, ist es im ersten Schritt wichtig, für sich festzuhalten, welche Bedürfnisse Sie haben. Lösen Sie sich von der eingestellten Routine und hinterfragen Sie Ihre Gewohnheiten.

Finden Sie Ihre persönlichen Bedürfnisse heraus, die Sie durch einen Spaziergang befriedigen möchten. Wenn wir unsere Hundehalter bitten, ihre persönlichen Bedürfnisse zu beschreiben, liegt die Antwort nicht immer gleich auf der Zunge. Man verlernt schnell, die eigenen Bedürfnisse im Mittelpunkt zu belassen, sondern fokussiert sich auf die der anderen. Das ist sicherlich lobenswert, aber Sie sind genauso wichtig wie Ihr Hund und glauben Sie uns, Ihr Hund wird noch mehr Freude an Spaziergängen haben, wenn Sie auch mit Leib und Seele dabei sind.

Die eigenen Bedürfnisse formulieren

Nehmen Sie sich Zeit und schreiben Sie auf, was Sie sich für sich selbst auf der Gassirunde wünschen. Wir haben Ihnen zur Inspiration eine kleine Liste erstellt, in der Sie die häufigsten Bedürfnisse anderer Hundehalter finden:

- Entspannung und kleine oder große Pausen vom Alltag erfahren
- Auszeit von der Arbeit und den täglichen Pflichten
- Wunsch, für den Hund Verantwortung und Fürsorge zu übernehmen
- Förderung der eigenen Gesundheit durch Bewegung an der frischen Luft
- angst- und sorgenfreie Zeit draußen
- Quality Time gemeinsam mit dem Hund
- Wahrnehmen von Umwelt und Natur, wie Vogelgezwitscher, Ruhe, Wind usw.
- und noch vieles andere mehr

Als Team unschlagbar – ein großer Wunsch von Hundehaltern. Der Hund gehört einfach dazu.

Interview

DER AMTSTIERARZT WIRD HÄUFIG BEI BISSVERLETZUNGEN DURCH HUNDE KONSULTIERT

Dr. Gero Leiner erklärt, warum es immer wieder zu Beißvorfällen zwischen Hunden und anderen Artgenossen oder gar Menschen kommt.

Herr Dr. Leiner, Sie als Amtstierarzt werden häufig konsultiert, wenn es zu Bissverletzungen zwischen Hund und Hund oder zwischen Hund und Mensch kommt. Was sind die meisten Ursachen, dass es zu diesen Verletzungen kommt?

Die Ursachen, die zu Bissverletzungen führen, sind sehr vielschichtig und in der Regel situations- bzw. kontextabhängig, doch oftmals auch nur zufallsbedingt. In vielen Fällen ist es nur ein ganz bestimmter Reiz, also ein Schlüsselreiz sozusagen, der zu einer Bissverletzung führt. Oder es treffen einfach nur zwei Hunde aufeinander, die untereinander unverträglich sind.

Häufig kommt es vor allem durch verhaltensauffällige Hunde zu Verletzungen bei Artgenossen. Dabei spielt es eine große Rolle, dass die verschiedenen Eskalationsstufen des Aggressionsverhaltens nicht oder nicht in der normalen Abfolge durchlaufen werden. Hintergrund für diese Fälle sind Fehlsteuerungen im Verhalten dieser Hunde, oder dass die Körpersprache des Artgenossen aus verschiedenen Gründen – beispielsweise rassebedingt oder etwa durch das Fehlen von Körperteilen – falsch gedeutet wird.

In den Fällen, in denen Menschen von Hunden gebissen werden, spielt das Territorialverhalten der Vierbeiner eine große Rolle. Den Klassiker in diesem Fall stellt etwa der Postbote dar, der bei seiner Tätigkeit auf dem Weg zum Briefkasten durch den Hund zu Schaden kommt.

Oftmals werden die Menschen aber auch nur verletzt, weil sie bei einer Rangelei oder Auseinandersetzung zwischen zwei

Amtstierarzt Dr. Gero Leiner wird häufig mit Beißvorfällen von Hunden konfrontiert.

»Wenn Menschen gebissen werden, spielt das Territorialverhalten eine Rolle. Klassiker ist der Postbote.«

Hunden eingreifen. Sie wollen ihren Vierbeiner schützen und kommen dann selbst zu Schaden. Typische Verletzungen im Bereich der Hände und Arme sind in diesen Fällen die Folge.

Was sind die größten Herausforderungen bei der Bearbeitung von Bissverletzungen, denen sowohl Sie sich als Tierarzt als auch die Hundehalter sich stellen müssen?

Ein Beißvorfall wird in der Regel von dem Geschädigten bzw. dem betroffenen Hundehalter angezeigt. In dieser Anzeige werden die Ereignisse und Geschehnisse, die sich zugetragen haben sollen, mehr oder weniger wahrheitsgemäß geschildert.

Mit diesen ersten Erkenntnissen wendet sich die Behörde dann an den Halter des angeblich aggressiven Hundes und bekommt von diesem sehr häufig eine völlig andere Schilderung des Beißvorfalls. Auch der Hund, gegen den sich die Ermittlungen zuerst richten, stellt sich oftmals alles andere als aggressiv und gefährlich dar.

Vor diesem Hintergrund ist es zunächst einmal eine sehr große Herausforderung zu ermitteln, was sich bei der Auseinandersetzung tatsächlich zugetragen hat. Es ist bereits des Öfteren vorgekommen, dass der Halter des tatsächlich bissigen Hundes

Interview

den Halter des Opfers, also des betroffenen Hundes, der gebissen wurde, angezeigt hat.

Hingegen besteht die größte Herausforderung für den Halter darin, glaubhaft den Nachweis zu erbringen, dass von seinem eigenen Hund keine Gefahr ausgeht. Schließlich möchte jeder Hundehalter von möglichen Auflagen, wie beispielsweise einer Leinen- oder Maulkorbpflicht, die durch das Ordnungsamt verhängt werden könnten, verschont bleiben.

Für diesen Nachweis ist unter Umständen das erfolgreiche Ablegen eines Wesenstests erforderlich, der allerdings mit hohen Kosten verbunden ist und eventuell einer entsprechenden Vorbereitung bedarf.

Welchen Tipp haben Sie für die Hundehalter, wie sie sich am besten verhalten sollten, wenn es zu einem Beißvorfall kommt?

Als Erstes sollte der betroffene Hundehalter alles in die Wege leiten, um für eine gute Beweissicherung zu sorgen. Deshalb sollte sofort nach dem Vorfall direkt vor Ort die Überlegung angestellt werden, ob es sinnvoll erscheint, die Polizei zur Beweissicherung hinzuzuziehen. Die Polizei als Strafverfolgungsbehörde ist sehr geübt in diesen Dingen und nimmt den Sachverhalt professionell mit entsprechender Fotodokumentation und Zeugenbefragung auf.

Zum nächsten Schritt gehört dann erst einmal der Gang zu Tierarzt oder Arzt, um die Art und Schwere der Verletzungen festzustellen sowie die notwendige Wundversorgung und Therapie einzuleiten und zu do-

Eine gütliche Einigung bei Bissverletzungen ist für alle Beteiligten immer die bessere Wahl

kumentieren. Diese Beweise, zusammen mit den dazugehörigen Rechnungen, spielen bei späteren Schadensersatzforderungen eine große Rolle. Zudem orientieren sich die beteiligten Behörden, die zuständige Staatsanwaltschaft sowie später der Richter in einem eventuellen Gerichtsverfahren sehr gern an diesen Dingen.

Nach diesen ersten Schritten sollte man den Beißvorfall der zuständigen Behörde – dies ist in der Regel ein Ordnungsamt der Kommune oder des entsprechenden Landkreises – melden oder sogar eine Anzeige erstatten. Sollte es sich eventuell sogar um einen Straftatbestand handeln, kann die Strafanzeige ebenfalls bei der Ordnungsbehörde oder der Polizei erstattet werden.

Des Weiteren empfehle ich jedem Hundehalter, sich nach einem Beißvorfall gut mit dem Hundehalter des gebissenen Hundes auszutauschen und ihn zu begleiten. Kommunikation ist nicht nur das A und O bei Hunden, sondern auch im menschlichen Umgang miteinander. Eine Bissverletzung ist für beide Parteien ein sehr emotionales Ereignis. Sorgen und Ängste begleiten dabei jeden Hundehalter.

Dies zieht oft Trauer, Wut und auch Frustration nach sich. Die Fronten verhärten sich und schneller als gewünscht entsteht ein Rechtsstreit, der in vielen Fällen zu verhindern gewesen wäre, wenn beide Parteien miteinander geprochen und sich unterstützt hätten.

> »Gelingt eine gütliche Einigung, so sind auch spätere, zufällige Treffen auf einem Spaziergang nicht plötzlich unangenehm.«

Bereits kleine Dinge, wie das Austauschen der Telefonnummern, das spätere Nachfragen, wie es dem Hund geht, oder eine aufrichtige Entschuldigung können schon viele Gemüter beruhigen.

Gelingt hier eine gütliche Einigung und Unterstützung, so sind auch spätere, zufällige Treffen auf einem Spaziergang nicht plötzlich unangenehm. Letzteres würde sich wieder auf das Gemüt des Halters übertragen und anschließend auf die Stimmung des Hundes. Ein Teufelskreis könnte auf diese Weise entstehen und das Problem eher verschlimmern und nicht verbessern.

Halten Sie sich Ihr Ziel vor Augen. Mit Geduld, Liebe und Klarheit werden Sie es bald erreichen.

ZEIT FÜR EIN UPDATE: DER SPAZIERGANG 2.0

Kreieren Sie Ihre eigene Quality Time mit Ihrem Hund und genießen Sie tagtäglich Ihre gemeinsame Zeit.

Aus den vorangegangenen Beschreibungen erkennen Sie, dass es nicht mehr damit getan ist, den Hund anzuleinen, die übliche Runde zu laufen und darauf zu hoffen, halbwegs entspannt nach Hause zurückzukehren. Stattdessen wird es Zeit, dass jeder Hundehalter das bekommt, was er auch verdient, und seinen und den Bedürfnissen des Hundes nachkommt. Wir präsentieren Ihnen nun , wie Ihre Gassirunden zukünftig aussehen können.

Das Comeback von Susi und Bommel

Wie jeden Wochentag kommt Susi von der Arbeit nach Hause, mal mehr und mal weniger gut gelaunt – auch das gehört zu ihrem Alltag. Doch Susi kann sich selbst gut einschätzen. Heute ist ein Tag, an dem sie erst ein wenig pausiert. Sie weiß, dass Bommel auf die Spazierrunde wartet, aber die Pause tut beiden gut – Susi kann sich in Gedanken von der Arbeit lösen. Sobald sie Kraft getankt hat, geht es auch schon mit einem Lächeln los. Susi freut sich auf die gemeinsame Runde, zieht sich in Ruhe die Jacke an, packt ihre Schlüssel ein und leint Bommel im Flur am Geschirr an.
Bommel ist zwar nach wie vor sehr aufgeregt und voller Tatendrang, aber er wartet nun geduldig im »Sitz« neben seinem Frauchen. Susi öffnet die Haustür und entlässt Bommel aus dem Signal. Jetzt darf er laufen, doch die Leine bleibt dabei entspannt.

Professionelle Hilfe war nötig

Susi hat sich einen Hundetrainer zu Hilfe genommen und schon viel mit Bommel trainiert. Das Fass war übergelaufen, als sich Bommel eines Tages im Park von der Leine riss, um dem Ball eines anderen Hundes hinterherzulaufen. Er war richtig schnell und in Bestform, aber weder Susi noch das Pärchen, dessen Picknickdecke er überrannte, wollten seine Spitzenleistung gebührend würdigen. Stattdessen gab es großes Theater, denn Frauchen ging nach Hause und weinte. Seitdem ist vieles anders und vor allem besser geworden. Nicht nur, dass Bommel jetzt abwarten kann, er macht es sogar gern. Er freut sich, dass Frauchen dieses Warten anerkennt und dies durch nette Worte bekräftigt. Er spürt die Anerkennung und auch, dass Frauchen nun viel entspannter ist.

Die neue Art des Spazierengehens

Nun verlassen sie als Team die Wohnung. Dabei achten beide darauf, dass Bommel den gewählten vorderen Leinenradius zur Verfügung hat.

Geben Sie Ihrem Hund eine kleine verbale Anerkennung, wenn er sich an Ihnen orientiert.

Denken Sie an die Stimmungsübertragung. Je ruhiger Sie sind, desto ruhiger wird auch Ihr Hund.

Susi hält die Leine in einer Hand – alles scheint viel ruhiger zu funktionieren. Beide haben die Aufgabe, auf das »Leinenband« zwischen ihnen zu achten. Das ist echtes Teamwork! Wie zuvor auch kann Bommel seine Geschäfte erledigen. Danach wird es meist spannend, da Susi nun einen richtigen Plan entworfen hat, wie sie die Spaziergänge gestalten möchte. Die Draußenzeit ist an beide angepasst.

Susi hat sich Gedanken gemacht, welche Bedürfnisse von ihr und Bommel erfüllt sein müssen. Seitdem sie auf diese achtet, ist alles viel schöner. Susi hat zu Hause die Spazierrunde aufgemalt und markiert, was sie mit Bommel an welcher Stelle erleben möchte. Dabei hat sie mehrere Punkte bedacht, die ein moderner Spaziergang beinhalten sollte.

Für ein stressfreies Umfeld sorgen

Susi ist die Wegstrecke bewusst abgelaufen und hat rekonstruiert, welche Streckenteile davon entspannt und welche stressig sind. Es gibt drei Strecken, die Susi und Bommel immer wieder nervös machen. Zwei davon kann Susi meiden, indem sie Nebenstraßen entlanggeht. Susi hat mit dem Trainer besprochen, dass das Umgehen keine langfristige Flucht darstellen soll und sie das Stressthema angehen möchte, aber alles der Reihe nach, Schritt für Schritt.

Susi hat aber festgestellt, dass sie der dritten Strecke nicht so einfach ausweichen kann. Diesen Weg muss sie gehen, weil sonst die ganze Runde nicht möglich wäre. Mit dieser Herausforderung wird Susi beginnen, um auch hier eine entspannte Laufrichtung einschlagen zu können. Klappt dies ohne größere Probleme, nimmt sie sich später auch die anderen beiden unliebsamen Strecken vor. Aber wie schon gesagt, eins nach dem anderen – so werden nicht zu viele Baustellen gleichzeitig aufgemacht.

Die bisherige schwierige »Stressroute« durchläuft Susi nun, indem sie sich eine positive Affirmation setzt und auf ihre Atmung achtet, damit sie gleich merkt, wenn sie sich anspannt. Sie geht die Strecke nun ganz bewusst und seitdem ist es viel angenehmer.

Verweilen und das Umfeld erkunden

Susi hat Pausen eingeplant. Es gibt so schöne Strecken auf der Spazierrunde, die zum Verweilen einladen, dass Susi die Gunst der Stunde nutzt und nun neuerdings an drei Plätzen pausiert. Dort kann Bommel dann in aller Ruhe und mit Zeit und Muße nach Herzenslust schnüffeln. Sie verlängert von der kurzen auf eine längere Leine und lässt Bommel gute zehn Minuten einfach nur schnuppern. Diese Auszeit tut beiden gut und schon nach wenigen Minuten sieht Susi, wie Bommel sich entspannt. Viele Hunde werden schnell weg- oder weitergezogen, wenn die Gefahr besteht, dass sie sich festschnuppern, und so wird auch das »Zeitunglesen« zum Stressakt. Durch das Anbieten von Schnupperphasen kann Bommel in Ruhe alle Neuigkeiten aufnehmen und dabei entspannen, da es zum einen für Ruhe sorgt und ihn zum anderen auch kognitiv fordert. Bommel hat nun genug Zeit, alles in seinem(!) Tempo zu erkunden.

Training wird zum Alltag

Einem gemeinsamen Erkunden steht nichts mehr im Weg. Ab und zu springt auch Susi mit auf die Wiese und schaut sich interessiert um. Sie hat festgestellt, dass Bommel gern mit seiner Nase arbeitet. Das ist ihr zuvor nicht aufgefallen, zumindest nicht, welche Konzentration und Hingabe er für sein Hobby aufwendet. Susi hat fleißig trainiert. Ihr Hundetrainer hat ihr die ersten Schritte der Leinenführigkeit gezeigt. Das war eine wichtige Grundvoraussetzung. Seitdem Bommel nun entspannt an der Leine läuft und selbst auf die Leinenspannung achtet, ist eine gewisse Grundruhe in den Spaziergang eingekehrt. Kleinere »verrückte« Verhaltensweisen, wie kurz mal in die Leine springen, weil ein Schmetterling vor Bommels Nase auffliegt, kann Susi nun mit einem Lächeln akzeptieren, da während der restlichen 98 Prozent des Spaziergangs die Leine locker ist und Susi ihren Bommel mit positiver Einstellung

Genießen Sie Smalltalk mit anderen Hundehaltern und planen Sie diese in Ihre Spazierrunden ein.

Hundehalter setzen Spaziergang oft mit Laufen gleich. Flanieren Sie doch mal mit dem Hund.

Sie werden merken, wie viel Freude es bereitet, den Spaziergang zu planen und dann umzusetzen.

1. Ein Spaziergang 2.0 bedeutet, dass Sie und Ihr Hund gemeinsam neue Wege erkunden.

2. Sie schützen Ihren Hund vor Dingen, Lebewesen oder Situationen, in denen er sich unsicher fühlt.

3. Sie sorgen dafür, dass Ihr Hund ausreichend Sozialkontakte und Bewegungsmöglichkeiten erhält.

4. Planen Sie für Ihren Hund das Rundumpaket mit kleinen Übungseinheiten auf dem Spaziergang.

und gesunder Körperspannung lenken kann. Natürlich hat das nicht von heute auf morgen geklappt, sondern ein paar Wochen gedauert. Doch was Susi gut tut, ist die Tatsache, dass das Training inzwischen zu ihrem Alltag geworden und kein künstlicher Bereich geblieben ist.

Kommunikationsphasen einbauen

Susi hat noch ein tolles Goody für Bommel mitgebracht. Sie kommunizieren mehr miteinander und gestalten kleine Einheiten auf dem Spaziergang zusammen. Dabei lässt sich Susi immer etwas Neues einfallen. Mal gibt es eine Runde Nasenarbeit, mal toben sie gemeinsam auf der Wiese und manchmal stehen kleine Lernphasen auf der Tagesordnung. Bommel liebt die gemeinsame Zeit und lässt alternative ablenkende Reize dafür gern links liegen. Susi ist der Meinung, dass sich gerade diese Phasen gut auf die Bindung der beiden auswirkt.

Begegnungen meistern

Tja, wenn Susi und Bommel nun anderen Hunden oder Menschen begegnen, so meistern sie auch diese Begegnungen gemeinsam. Bommel ist sogar richtig stolz auf dieses Team. Dennoch lässt er nicht den dicken Max heraushängen, sondern orientiert sich immer an Susi. Sie gibt den Takt an. Dabei entscheidet sie situativ, ob Kontakte, Spiel oder ein kurzer Smalltalk gewünscht sind.
Susi hat dafür genaue Regeln eingeführt, das heißt, Bommel weiß nun genau, dass er sich, wenn Susi nur Smalltalk mit anderen Leuten halten möchte, neben ihr hinlegen und erholen kann. Treffen sie aber den Lieblingskumpel von Bommel, so geht es ein gemeinsames Stückchen an der Leine zur nächsten Auslaufmöglichkeit und ab da ist dann freies Toben mit Bodycheck erlaubt.
Kommt der Erzfeind um die Ecke gebogen, so hat Bommel einen Plan an die Hand bekommen. Im wahrsten Sinne des Wortes orientiert er sich an Susis Hand(target) und geht auf der anderen Hund abgewandten Seite neben ihr her. Es scheint, dass Frauchen nun für alles einen Plan hat. Bommel spürt natürlich auch, dass Susi viel gelassener und die Stimmung gleichbleibend entspannt und fröhlich ist. Die Qualität der Gassirunden hat sich für Susi und Bommel stark verbessert. Susi weiß nun, wie sie in Zukunft die Spaziergänge meistern wird.

> **UNSER TIPP:** *Affirmationen sind positive, bejahende Zustimmungen – oft als Ich-Botschaft formuliert –, die man sich immer wieder vorspricht, etwa um neue Glaubenssätze zu manifestieren. Susi könnte die Affirmation »Ich gehe ruhig und entspannt weiter« genutzt haben.*

Bald sind nun Sie an der Reihe

Doch auch Sie werden bald wissen, wie Sie schöne Spaziergänge für sich und Ihren Vierbeiner gestalten können. Im nächsten Kapitel werden Sie Ihren Spaziergang 2.0 zunächst planen und im übernächsten Kapitel finden Sie einen Werkzeugkasten mit Techniken, die Ihnen zeigen, wie Sie Ihre Planung in die Tat umsetzen und in Ihren Alltag einbauen können.

Trainingsplan

Nun geht es los. Planen Sie Ihre erste Woche. Im ersten Kapitel haben wir uns bisher mit Istzuständen auseinandergesetzt, wie sie die meisten Hundehalter kennen. Nun können Sie aber persönlicher werden und Ihren ganz individuellen Istzustand festlegen.
Wir haben Ihnen einige Aufgaben für diese Woche aufgeschrieben, die Sie schriftlich erledigen sollten. Planen Sie diese in Ihre kommende Woche ein und freuen Sie sich auf den ersten Schritt zum perfekten Spaziergang.

Aufgaben aus Kapitel 1:

1. Machen Sie eine Bestandsaufnahme und schreiben Sie auf, was Sie auf Ihren Spazierwegen stört.
2. Überlegen Sie, woran es liegt, dass es sich manchmal so anfühlt, als würden Sie und Ihr Hund auf dem Spaziergang getrennte Wege gehen.
3. Welche Bedürfnisse hat Ihr Hund?
4. Welche Bedürfnisse haben Sie?
5. Notieren Sie auf einer Skala von 0 bis 10, wie motiviert Sie sind. (0 bedeutet: gar nicht, 10 bedeutet: lass mich endlich anfangen!)
6. Legen Sie sich in den nächsten Tagen ein Erfolgsjournal zu, um Ihre Erfolge sichtbar werden zu lassen. Ab Kapitel 2 können Sie das gut gebrauchen.

Montag

Meine Motivation:

1	2	3	4	5	6	7	8	9	10

morgens:

mittags:

nachmittags:

abends:

Dienstag

Meine Motivation:

1	2	3	4	5	6	7	8	9	10

Morgens:

Mittags:

nachmittags:

abends:

Mittwoch

Meine Motivation:

1	2	3	4	5	6	7	8	9	10

Morgens:

Mittags:

nachmittags:

abends:

Donnerstag

Meine Motivation:

1	2	3	4	5	6	7	8	9	10

Morgens:

Mittags:

nachmittags:

abends:

Freitag

Meine Motivation:

1	2	3	4	5	6	7	8	9	10

Morgens:

Mittags:

nachmittags:

abends:

Samstag

Meine Motivation:

1	2	3	4	5	6	7	8	9	10

morgens:

mittags:

nachmittags:

abends:

Sonntag

Meine Motivation:

1	2	3	4	5	6	7	8	9	10

morgens:

mittags:

nachmittags:

abends:

2

Die Planung Ihres Spaziergangs 2.0

Gut geplant ist halb trainiert. Ein erfolgreicher Umgang mit dem Hund zeichnet sich oft dadurch aus, dass Sie gar nicht so viel trainieren müssen, sondern das vermeintlich lange Training einen Katalysator bekommt – eine exakte Planung und genaue Visualisierung. Ganz automatisch wird dann alles in die richtigen Bahnen gelenkt.

Zeit durchkreuzt oft unsere Pläne und setzt uns unter Druck. Nicht so beim Hund. Er hat »keine Zeit«.

GLÜCKLICH UNTERWEGS

Legen Sie Ihr Ziel fest und arbeiten Sie täglich daran – Sie und Ihr Hund werden schnell Erfolge sehen.

Vielen Hundehaltern graut es vor langen Trainingseinheiten, übrigens speziell in Bezug auf die Leinenführigkeit. Die Themen Leinentraining, Spaziergänge usw. sind nicht nach drei Sekunden abgehandelt – so wie vielleicht ein »Sitz«, sondern im besten Fall hält der entspannte Spaziergang die gesamte Gassirunde lang an. Das können durchaus eineinhalb Stunden sein!

Keine Frage, dass dies der Hundehalter mit Sorge betrachtet, wenn er auf dem Spaziergang seine gesamte Aufmerksamkeit einzig dem

Vierbeiner widmen muss, weil er auf dessen Verhalten achten soll. Außerdem hat er unter Garantie schon einiges ausprobiert, um mit dem Hund entspannter spazieren gehen zu können. Scheinbar ist das Thema (Leinen-) Spaziergang aber so hartnäckig, dass man gefühlt nach einigen Wochen wieder bei null anfangen muss.
Keine Sorge: Genau DAS müssen Sie nicht! Es gibt mittlerweile so schöne Optionen für Sie als Hundehalter, Ihrem Vierbeiner mitzuteilen, wie entspannt ein Spaziergang für Sie beide sein kann. Damit Ihnen das gelingt, benötigen Sie zunächst einen Plan.

Legen Sie Ihr Ziel fest

Das Fundament Ihres Trainings bzw. Wunschspaziergangs bietet ein zuvor durch Sie festgelegtes Ziel. Sie werden keinen Erfolg haben, wenn Sie einfach nur drauflos trainieren, auf eine grobe Vorstellung hin. Das verläuft sich, im wahrsten Sinne des Wortes, ganz schnell und die Frustration ist groß.
Was bedeutet ein gutes Ziel? Nehmen Sie sich am besten ein schönes Notizheft zur Hand, das Sie für Ihre zukünftige Planung und zum Festhalten aller Trainingserfolge nutzen möchten. Blankoseiten eignen sich gut, so können Sie Ihr Ziel nicht nur aufschreiben, sondern auch zeichnen, skizzieren, malen, Bilder einkleben usw. Vielleicht klingt das für den Anfang etwas überdimensioniert, aber im Verlauf des Prozesses ergibt es sich vielleicht, dass Sie immer kreativer werden, womöglich Ergänzungen notieren oder Skizzen hinzufügen. Somit sind Sie mit einer Blankoversion gut aufgestellt.

Beginnen Sie Ihre Planung damit, dass Sie sich Zeit dafür nehmen. Es nützt nichts, wenn Sie zwischen Arbeit und Einkaufszettel zusammenstellen auch noch schnell Ihr Ziel für das Hundetraining planen.
Seien Sie ganz und gar auf das Thema fokussiert, wenn Sie sich ans Werk machen. Setzen Sie sich beispielsweise abends, wenn Sie entspannen, aber noch nicht müde sind, ungefähr

Planen Sie auch Situationen ein, die in Ihrem Alltag möglicherweise nicht alltäglich sind.

eine halbe bis Stunde hin und schreiben Sie Ihre Wünsche auf. Visualisieren Sie deutlich vor Ihrem inneren Auge, was genau Sie sich wünschen.

Ein Beispiel zu Beginn

Damit Sie wissen, wovon wir sprechen, geben wir Ihnen ein Beispiel vor, das Sie gleichzeitig inspirieren könnte. Es lautet wie folgt:
»Ich gehe jeden Tag mehrfach und ganz entspannt mit meinem Hund spazieren. Wir sind so aufeinander eingespielt, dass wir mit allen uns begegnenden Situationen hervorragend zurechtkommen. Ich bin gut gelaunt und entspannt. Ich kann meinen Hund in allen Situationen lenken. Er läuft mit und ohne Leine und orientiert sich gleichermaßen an mir. Er achtet von sich aus auf mich und auf die Leinenspannung. Anderen Hunden und Menschen begegnen wir mit Freude und ich kann meinem Hund mitteilen, wann Kontakt erwünscht ist oder wann nicht und er weitergehen soll. Die Kommunikation und Signalkontrolle mit meinem Hund ist während der ganzen Zeit möglich, egal ob er sich in meiner Nähe oder auf Distanz zu mir befindet. Mein Hund kann mir vertrauen und ich weiß, wie ich mich in unterschiedlichen Situationen verhalten werde. Gemeinsam erleben wir vollkommen entspannte Spaziergänge.«

Mehrere Regeln beherzigen

Das eben geschilderte Szenario ist ein allgemeines Ziel, das Sie sich für den Spaziergang setzen können. Ergänzen Sie Ihre Gedanken dazu und beachten Sie die folgenden Regeln, die wichtig sind, damit Sie Ihr Ziel erreichen.

SHORTCUT:

Es kann sein, dass sich Ziele im Lauf der Zeit verändern oder Sie sich etwas anderes wünschen – das ist völlig in Ordnung. Passen Sie Ihr jeweiliges Ziel an Ihre Bedürfnisse an.

1. Ziele werden grundsätzlich positiv formuliert. Wie Ihr Spaziergang nicht ablaufen soll, haben Sie ja bereits hinlänglich erlebt. Also verändern Sie Ihre Gewohnheiten und legen Sie Ihren Fokus auf das, was Sie haben wollen. Formulieren und denken Sie immer positiv!
2. Feilen Sie so lange, bis sich Ihr Ziel richtig gut anfühlt. Es geht nicht darum, dass Sie einen Kompromiss beschreiben, sondern Ihre Entscheidung zu Papier bringen, dass Ihre Spaziergänge ein revolutionäres Update erfahren werden. Viele Hundehalter fallen während der Zieldefinition in alte Muster zurück: »Schön wäre, wenn … aber ich bin auch schon ganz zufrieden, wenn der Hund wenigstens XY machen würde … Das würde auch gehen …«

Nein, so nicht! Und jetzt schnell zurück auf die Erfolgsspur. Stellen Sie sich vor, dass wir Ihre »Wunschfee« sind. Sie können uns (und Ihrem Notizbuch) alles sagen, was Sie sich wirklich wünschen und wofür Sie sich entscheiden. Das ist wichtig, da Sie so auch Ihr Unterbewusstsein in Richtung Erfolg programmieren. Vertrauen Sie uns – im weiteren Verlauf bekommen Sie auch die Anleitung von uns, WIE Sie das Training mit Ihrem Hund real umsetzen können. Zuvor dürfen Sie sich aber so positionieren, wie Sie Ihren Spaziergang wirklich erleben wollen.

3. Orientieren Sie sich bei der Planung an den 5-W-Fragen. Das bedeutet, dass Ihr Ziel die folgenden Fragen beantworten sollte:
   a. WAS soll der Hund?
   b. Auf WELCHES Signal hin?
   c. WANN?
   d. Wie lange?
   e. WO?
4. Um Ziele zu etablieren, bedient man sich in der Wirtschaft häufig der SMART-Formel. Die einzelnen Buchstaben stehen jeweils für ein Wort, das auch Sie für Ihre Zielplanung berücksichtigen sollten:

S = Spezifisch: Beschreiben Sie Ihr Ziel so genau wie möglich.

M = Messbar: Wählen Sie Ihr Ziel so, dass es messbar ist. Vergleiche sind unglaublich motivierend.

A = Attraktiv: Sie und Ihr Hund sollten Spaß an dem gesteckten Ziel haben.

R = Realistisch: Bleiben Sie positiv motiviert, aber realistisch, vor allem wenn Sie ein Ziel binnen eines bestimmten Zeitfensters erreichen wollen.

T = Terminiert: Planen Sie ein, wann Sie das Ziel erreicht haben wollen. Steht der grobe Zeitplan, so können Sie auch Etappen einbauen, um Zwischenziele zu definieren.

5. Beschreiben Sie Ihr Ziel im Präsens, also so, als hätten Sie es schon erreicht. Sie werden merken, dass dies ein intensiveres Gefühl in Ihnen auslösen wird, als wenn Sie in der Zukunft schreiben würden.
6. Lassen Sie Ihr geplantes Ziel auf sich wirken – und zwar nicht nur ein paar Minuten, sondern ruhig ein paar Tage. Lesen Sie sich Ihr Ziel täglich laut vor. Gefällt es Ihnen? Wenn ja, gut so! Wenn nein, dürfen Sie immer und immer wieder daran feilen und basteln. Sind Sie zufrieden? Prima, dann können Sie bestimmt die Frage nach dem WARUM beantworten. Warum ist das Ziel für Sie so wichtig? Was steckt hinter Ihrem Ziel? Was verbessert sich durch das Erreichen dieses Ziels? Wer hat was von Ihrem Ziel? Beantworten Sie also auch diese Fragen. Können Sie das Warum Ihres Ziels erklären, so festigt das Ihre zukünftige Arbeit an diesem.

UNSER TIPP: *Haben Sie Schwierigkeiten, sich das zukünftige Ziel auszumalen, so absolvieren Sie einen Zeitsprung und begeben Sie sich von Ihrer heutigen Perspektive aus zwei Jahre in die Zukunft. Schreiben Sie einen Brief an sich selbst – bitte im Präsens, denn in der Zukunft haben Sie Ihr Ziel ja bereits erfolgreich erreicht. Berichten Sie sich selbst ausführlich, wie gut es sich anfühlt, dass Ihre Spaziergänge so wunderbar entspannt verlaufen.*

Dank verschiedener Trainingstechniken können Sie auch neue Spazierwege im Vorfeld planen, sodass Sie diese zusammen mit Ihrem Hund stressfrei genießen können.

Erfolge sichtbar machen und Ihre Selbstwirksamkeit stärken

Sobald Sie mit der Definition Ihres Zieles zufrieden sind, können Sie mit dessen Umsetzung beginnen. Im weiteren Verlauf des Buches erhalten Sie viele Möglichkeiten, wie Sie dem Ziel näher kommen. Es lohnt sich, dass Sie sich alle Optionen durchlesen. Beim Lesen werden Sie ein Gefühl entwickeln, welche Übung oder welcher Gedankengang zu Ihnen passt.
Schreiben Sie (unbedingt) parallel dazu ein Erfolgstagebuch, um Ihre Erfolge und Etappensiege sichtbar zu machen. Es gibt mehrere kleine Highlights, die in einem Erfolgstagebuch festgehalten werden sollten.

1. Haben Sie sich ein Ziel gesteckt – etwa dass Sie in acht Wochen einen leinenführigen Hund haben möchten –, so bauen Sie sich kleine Etappensiege in Form von Zwischenzielen ein. Diese könnten beispielsweise alle zwei Wochen auftauchen. Planen Sie dabei rückwärts, das macht das Vorhaben einfacher. Also was müssen Sie nach sechs Wochen geschafft haben, um Ihr Ziel in acht Wochen zu erreichen? Was in vier, zwei usw.? Wenn Sie das geplant haben, wissen Sie, wie der Hase läuft.
2. Tragen Sie täglich ein, was schon gut geklappt hat, und lernen Sie Erfolge zu schätzen. Sie haben es verdient. Versuchen Sie mindestens fünf Erfolge festzuhalten.

3. Tragen Sie ein, worin Sie sich verbessern dürfen, und freuen Sie sich darüber, dass Ihnen aufgefallen ist, was noch nicht so gut läuft. So haben Sie eine Chance zu erkennen, was Sie verbessern können.
4. Schreiben Sie kurz auf, wofür Sie am heutigen Tag dankbar sind.
5. Schreiben Sie abends einen Satz in das Erfolgstagebuch, warum Sie auf Ihren Hund und sich stolz sind!

Wozu das Ganze?

Vielleicht meinen Sie, dass wir gerade ein wenig viel Wind um das Ganze machen. Nein, glauben wir nicht. Die Erfahrung lehrt uns, dass die meisten Hundehalter sich und ihre eigenen Bedürfnisse als auch ihre Fähigkeiten zurückstellen. Über Ihre Bedürfnisse hatten wir bereits gesprochen. Ihre Fähigkeiten sollten ab nun aber auch ins Rampenlicht gerückt werden. Mit Ihnen steht und fällt der Spaziergang 2.0. Sie sind Motor und derjenige, der mit Können und Leidenschaft vorangehen wird.

Die meisten unserer Kunden stellen ihr Licht unter ihren Scheffel. Oft sind sie problemfokussiert. Fortschritte, Talent, Können als auch hart Erarbeitetes werden als »normal« abgetan oder gar nicht erst beachtet. Stopp! Wie oft predigen wir Hundetrainer, dass Sie Ihren Hund loben sollen, auch für die »normalen« Momente des Lebens, sprich, wenn er nach Jahren (immer noch) nicht vergessen hat, dass »Sitz« bedeutet, den Po auf den Boden zu setzen.

Der Hund weiß seit Jahren, was er bei diesem Signal tun muss – und? Dennoch loben wir. Denn durch das Lob erhöhen wir die Motivation und die Bereitschaft, mit uns zu kooperieren. Gleichzeitig lernt der Hund anhand des Lobes, welches Verhalten lohnenswert für ihn und den Halter ist.

Auch wir lernen täglich …

Und bei Ihnen? Ja, wir lernen genauso. Hand aufs Herz: Freuen Sie sich nicht, wenn Ihr Chef Sie lobt? Es kann etwas – objektiv betrachtet – total Irrelevantes gewesen sein. Das macht

Das Schöne an ständiger Pflege eines Erfolgsjournals ist, dass Sie Ihre Erfolge immer nachlesen können.

1. Gemeinsam planen und kuscheln – was gibt es Schöneres?

2. Ziehen Sie nach den Spazierrunden ein Resümee: Was hat geklappt und was darf verbessert werden?

3. Manchmal muss man sich erst annähern. Freuen Sie sich über diese Momente, denn sie bringen Sie einen Schritt weiter.

4. Planen Sie so, dass Ihr Hund in seinem Tempo mithalten kann. Fordern Sie ihn, ohne ihn zu überfordern.

nichts. Durch dieses Lob setzt es sich in Ihrem Bewusstsein fest. Sie nehmen es wahr und stellen fest, dass Sie etwas gut können. Es fällt sogar anderen auf. Sie merken dadurch, dass Sie in der Lage sind, eine Situation zu beeinflussen. Ihre Selbstwirksamkeit – also die Fähigkeit, für sich festzustellen, dass Sie selbst einwirken und aktiv einen Prozess steuern können – entwickelt sich weiter und gibt Ihnen eine ganze Menge Auftrieb.
Das gelingt jedoch nur, wenn Sie sich die Chance geben, diese Erfolge sichtbar werden zu lassen. Durchlaufen Sie ein Training allein, steht vielleicht keiner lobend neben Ihnen. Aus diesem Grund reflektieren Sie Ihren Tag und den Umgang mit Ihrem Hund. Finden Sie Ihre Erfolge. Wir wetten, dass Sie jede Menge toller Dinge tun. Das Erfolgstagebuch unterstützt Sie dabei auf mehrfache Art und Weise:

- Es bietet Ihnen nachhaltig den Beweis, dass Sie es können!
- Wenn es mal nicht so klappt, blättern Sie in Ihrem Erfolgstagebuch und zählen Sie Ihre Erfolge! Freuen Sie sich darüber.
- Ihre Selbstwirksamkeit und Ihr Selbstbewusstsein verstärken sich.
- Sie bleiben motivierter am Ball.

Probieren Sie es drei Wochen lang aus und schreiben Sie ein Erfolgstagebuch. Sie werden merken, dass Ihnen, wenn Sie nach dieser Zeit damit aufhören sollten, etwas fehlen wird. Bleiben Sie also dran und blättern Sie ruhig auch nach einiger Zeit in Ihrem Erfolgstagebuch, um sich über Ihre Mühen und an Ihren Erfolgen zu erfreuen.

UNSER TIPP: *Handyfreie Zeit! Lassen Sie Ihr Handy zu Hause oder stellen Sie es auf lautlos und schauen Sie während des Spaziergangs nicht darauf. Diese Stunde darf Ihnen gehören. Sehen Sie sich lieber die wunderschöne Natur und Ihre Umwelt an, nicht Ihr Display.*

Kurz und knackig – so sieht Ihr Spaziergang 2.0 aus

Damit Ihr Gang nach draußen nicht nur ein Gassigang bleibt, auf dem der Hund sich lösen kann, bauen Sie folgende kleine Elemente regelmäßig ein:

- Entspanntes und gemeinsames Losgehen von zu Hause
- Freilaufphasen zum Spaß und Flitzen und um die körperliche Auslastung zu gewährleisten
- Hunde- als auch Menschenbegegnungen für den Smalltalk zwischendurch
- Laufen an entspannter Leine
- Kleine Spieleinheiten zwischen Ihnen und Ihrem Hund
- Pausen und Ruhephasen, um zu kuscheln und die gemeinsame Freizeit zu genießen
- Lern- und Trainingsphasen, an denen der Hund wachsen kann

Planen Sie alles so, wie Sie und Ihr Hund es schaffen können. Er sollte gesundheitlich, körperlich und psychisch dazu in der Lage sein.

Exkurs

WO DRÜCKT DENN DER SCHUH?

Begriffserklärungen leicht gemacht:
Leinenzieher, Leinenaggression oder Leinenreaktivität – welches Verhalten zeigt Ihr Hund?

Damit Sie Ihr Ziel optimal planen können, schauen Sie, welches Verhalten Ihr Hund an der Leine zeigt.

Typ Leinenzieher

Neigt Ihr Hund dazu, permanent an der Leine zu ziehen, haben Sie einen »Leinenzieher«. Bei einem typischen Leinenzieher müssen nicht einmal ablenkende Reize, wie spielende Kinder, vorbeilaufende Hunde oder Ähnliches, vorliegen. Der Vierbeiner zieht an der Leine, als hätte er einen dringenden Termin. Das Ziehen hat sich über einen längeren Zeitraum eingeschlichen. Ein konkreter Entstehungsgrund liegt meist nicht vor. Viele Hundehalter arrangieren sich mit dem Verhalten des Hundes. Schmerzende Schultern und Verrenkungen werden meist mit Fassung getragen. Das Verhalten bessert sich, nachdem sich der Hund ausgepowert hat, also auf dem Rückweg. Sie und Ihr Hund zahlen einen hohen Preis für dieses Arrangement. Bieten Sie ihm und sich eine Alternative!

Typ leinenreaktiv

Reaktives Verhalten beinhaltet aktives Ziehen, unruhiges Verhalten und auch Vokalisieren des Hundes, wenn bestimmte Reize auf ihn einwirken. Er zeigt Interesse, möchte vielleicht hin oder davon weg. Er verändert sein typisches Verhalten, das er ansonsten an der Leine zeigt. Kategorisiert wird dieses Verhalten als reaktiv, weil der Hund sich zwar gebärdet, aber eben nicht zwangsläufig Aggressionsverhalten zeigen muss. Je nach Reiz, Hunderasse, Alter, vorliegenden Erfahrungen oder auch Ausbildungsstand kann diese Reaktion unterschiedlich stark ausfallen. Zudem kann es auch sein, dass Sie oder Ihr Hund einfach mal einen schlechten Tag haben, was die Intensität der Reaktion mitunter beeinflusst.

Ein leinenreaktiver Hund lässt sich nicht leicht von einem leinenaggressiven Hund unterscheiden.

»Nicht jedes Mal, wenn der Hund an der Leine reagiert, muss es sich gleich um eine Aggression handeln.«

Leinenreaktivität zeigen sehr viele Hunde im Alltag immer wieder. Unterstützen Sie Ihren Hund, den Stresspegel zu senken, sodass er gelassener durchs Leben gehen kann.

Typ leinenaggressiv

Eine Leinenaggression zeichnet sich durch zwei wesentliche Merkmale aus. Erstens zeigt der Hund die Aggression ausschließlich an der Leine und zweitens lässt die Motivation hinter dem Gebärden ein Aggressionsverhalten zu. Schauen Sie genau hin, da aufbrausende und unkontrollierbare Verhaltensweisen des Vierbeiners oft auch mit einer Leinenreaktivität verwechselt werden.

Mischung aus allem

Nicht jedes Mal, wenn der Hund an der Leine reagiert, muss es sich um eine Aggression handeln. Wie immer im Leben bedeutet es nicht, dass Ihr Vierbeiner nur einem Typ entsprechen kann, sondern selbstverständlich auch allen dreien. Unterschiedliche Kontexte fordern von Ihrem Hund eine individuelle Reizantwort – eben immer so, wie es aus seiner Sicht (diese setzt sich aus seinen gemachten Erfahrungen, Fähigkeiten, genetischen Dispositionen usw. zusammen) am sinnvollsten und biologisch am klügsten ist. Spielen Sie ein wenig Sherlock Holmes und finden Sie heraus, welchem Typ Ihr Hund, je nach Situation, zuzuordnen wäre. Lassen Sie Ihre Ergebnisse in Ihr zukünftiges Ziel einfließen.

NEGATIVEN STRESS ERKENNEN UND VERHINDERN

Stress kommt in den besten Familien vor – hoffentlich! Denn Stress ist im Grunde eine gesunde Körperreaktion, sofern er nicht aus dem Ruder läuft.

Stress ist Ihnen sicherlich kein Fremdwort. Sie werden sich bestimmt schon einmal in dem einen oder anderen Moment im Umgang mit Ihrem Hund gestresst gefühlt oder selbst Stress bei Ihrem Hund festgestellt haben. Stress ist also allgegenwärtig und daher möchten wir Ihnen auf den folgenden Seiten einen kurzen, kompakten Überblick geben, sodass Sie wissen, was Stress mit Ihnen und Ihrem Hund anstellt und wie Sie ihn erkennen. Außerdem zeigen wir auf, welche Erste-Hilfe-Maßnahmen unterstützend wirken, wenn Sie und Ihr Hund sich in einer stressigen Situation befinden.

Stress ist überlebenswichtig

Stress gehört zum Leben dazu. Er entsteht, wenn von innen oder außen Reize auf unseren Organismus einwirken, der diese als gefährlich einstuft. Das Ziel Ihres Organismus ist, dass er mit diesem stressigen Zustand nur kurz umzugehen hat, um anschließend wieder in die Balance zu kommen. Sie können Stress also auch als eine Art »Trainingslager« für den Organismus ansehen, durch den er fit bleibt. Wie immer in der Natur ist es ein Nehmen und Geben. Doch Stress ist nicht permanent negativ, denken Sie nur an die Zeit der Vorfreude, bevor Sie Ihren Welpen abgeholt haben. Auch das ist Stress gewesen, denn sicherlich hat selbst in dieser Zeit der Freude die Ausschüttung von Stresshormonen stattgefunden. Das Gehirn bewertet eingehende Stressreize bei jedem Lebewesen subjektiv. Auch das Verliebtsein beispielsweise ist für den Körper purer Stress, nur das Gehirn sieht das ganz anders ... Allein das erklärt schon, warum die entsprechenden Reaktionen auf Stress unterschiedlich ausfallen können – hinsichtlich des Verhaltens und der Intensität.

Stressreaktionen des Körpers

Für einen Organismus ist eine problemlos funktionierende Stresssteuerung überlebenswichtig. Durch diese kann der Körper in einer akuten Stresssituation von null auf Maximalleistung gehen und unmittelbar reagieren. Schauen wir uns zunächst die typischen Hormone an, die bei Stress zum Zug kommen.

Adrenalin und Noradrenalin

Wenn Sie mit Ihrem Vierbeiner durch den Stadtpark gehen und erkennen, dass ein frei laufender Hund auf Ihren Hund zuläuft und dabei Drohgebärden zeigt, so ist das eine stressige Situation. Ohne darüber nachzudenken, ob Ihre Reaktion angemessen ist oder Sinn ergibt, werden Sie in die Leine greifen und versuchen, Ihren Hund davon abzuhalten, sich weiter auf den Artgenossen zuzubewegen. Sie wollen »fliehen« (→ Seite 59 f.), indem Sie eine andere Richtung einschlagen. Doch was lässt Sie hier reagieren? Es sind Adrenalin und Noradrenalin, die zu den Stresshormonen zählen, die wir Lebewesen zu bieten haben. Produziert werden sie hauptsächlich im Nebennierenmark. Sie werden blitzartig ausgeschüttet und lassen uns genauso schnell eine für den Körper logische Reaktion zeigen, um uns rasch wieder in Balance bzw. Sicherheit zu bringen. Der Vorteil: Die Hormonausschüttung verebbt ebenso schnell, wie sie gekommen ist. Das erkennen Sie daran, dass die körperlichen Reaktionen nach dem stressigen Reiz bald wieder nachlassen. Eine wunderbare »Einstellung« in unserem Körper.

Praktisch bedeutet eine Adrenalinausschüttung in den Blutkreislauf, dass Herzschlag und Durchblutung der Muskeln erhöht werden, während der Blutfluss in der Haut und den Organen gesenkt wird. Ressourcen werden also da genutzt, wo man sie braucht. Wer flieht, will nun mal gerade nicht verdauen.

Kortisol

Ein weiteres Stresshormon unseres Körpers ist das Kortisol. Es wird in der Nebennierenrinde gebildet und nicht unmittelbar mit Wahrnehmung eines stressigen Reizes ausgeschüttet. Vielmehr steigt der Kortisolspiegel im Körper langsamer an und besitzt auch eine längere Halbwertszeit. Bleiben die Ausschüttung und der Abbau des Hormons in Einklang, so ist auch das ein natürlicher Rhythmus, der keine Probleme macht. Dennoch bekommt Kortisol als chronisches Stresshormon immer wieder schlechte Presse. Die Probleme stellen sich ein,

Auch Spiel kann eine Stressantwort hervorbringen, doch spricht man hier von positivem Stress.

1. Die Sichtung von etwas Unbekanntem kann binnen kürzester Zeit den Hund in Stress versetzen.

---

2. Das Anspringen passt hier gar nicht in den Kontext. Der Hund zeigt eine Übersprunghandlung, da er Stress empfindet.

---

3. Unverhofft kommt oft – je mehr Sie solche Situationen einplanen, umso eher sinkt Ihr Stresspegel.

---

4. Hunde zeigen uns durch Stressanzeichen deutlich, wenn sie sich unwohl fühlen.

wenn der Stress bleibt und sich die Hormone nicht mehr abbauen lassen. Das geschieht immer dann, wenn zu viele Reize auf einmal einströmen und kein Ende finden: Dauerstress.

Gefahr von chronischem Stress

Nehmen wir ein Beispiel aus Ihrem täglichen Ablauf. Sie gehen mit Ihrem Vierbeiner spazieren. Die Dichte an Hunden, die man auf dem Spazierweg trifft, hat in den letzten Jahren zugenommen. Stellen Sie sich bitte einmal plastisch vor, dass Ihr Hund auf einen Artgenossen trifft. Die Stresshormone werden aktiv ausgeschüttet. Nach der Begegnung reduziert sich alles. Durch die zeitliche Verschiebung des Kortisolabbaus kann es aber dazu kommen, dass das Kortisol nicht abgebaut wird, weil Sie beide nach einer Minute schon wieder auf den nächsten Hund treffen und der Stresspegel erneut in die Höhe schnellt usw. Das bedeutet, dass das Kortisol durch neue Reize weiter »gefüttert« wird, aber schlechter sinken kann, wenn keine Regeneration erfolgen kann. Chronischer Stress ist die Folge – und der stellt ein gesundheitliches Risiko dar.

Sie erkennen: Stress selbst ist nicht das Problem, sondern es werden drei Dinge benötigt, um ihn nicht chronisch werden zu lassen:

- ausreichend Zeit, um stressige Situationen zu verarbeiten; Pausen und Ruhephasen sowohl auf dem Spaziergang als auch danach sind sehr wichtig für Ihren Hund
- Bewältigungsstrategien, auch Copingstrategien des Hundes genannt, für Sie und Ihren Vierbeiner
- und selbstverständlich die Reduzierung von Stresssituationen

UNSER TIPP: *Oxytocin, das bekannte »Kuschelhormon«, ist ein perfekter Gegenspieler zum Kortisol. Seine Ausschüttung fördert Ruhe und Entspannung. Haben Sie eine gute Bindung, so sorgen Sie durch liebevolle Blicke, Kuscheleinheiten, Berührungen und ein gemeinsames Spiel für jede Menge Oxytocinausschüttung und damit für eine »natürliche Therapie« bei Stress.*

Wie reagiert der Hund auf Stress?

Im Körper ist also einiges los, sobald dieser mit stressigen Situationen konfrontiert wird. Das Ganze drückt der Hund durch vier mögliche Verhaltensweisen aus, sodass Sie die Chance haben, seinen Stress zu erkennen. Im Fachjargon sprechen wir von den vier Fs. Die Bezeichnung setzt sich aus Begriffen zusammen, die aus dem Englischen übersetzt wurden: Fight (Kampf), Flight (Flucht), Freeze (Erstarren) und Flirt (Übersprunghandlung). Schauen wir uns die Reaktionen des Hundes im Einzelnen an:

Flight – Flucht

Fluchtverhalten ist an sich eine lohnenswerte Strategie. Der Hund entzieht sich stressigen Situationen und vermeidet in der Folge Verletzungen. Sicherlich haben Sie schon einmal bemerkt, dass Ihr Hund im Freilauf um manche Gegenstände, Personen oder Hunde einen Bogen macht, um eine größtmögliche Distanz aufzubauen und eben nicht in eine stressige

Sichtbarer Stress: angelegte Ohren, große Pupillen, eingezogene Rute.

Situation zu geraten. Dadurch kann eine Situation entschärft werden. Aber Achtung: Ob das gelingt, ist nicht nur vom eigenen Hund, sondern auch von seinem Gegenüber abhängig. Somit ähnelt eine gutgemeinte Prognose wie »Die regeln das schon unter sich ...« eher einem Pokerspiel und kann nach hinten losgehen.

Fight – Kampf

Wird Ihr Hund an der Wahl seiner Strategie jedoch gehindert, weil Sie ihn an der Leine halten, wird er sich für eine andere erfolgversprechende Problemlösung entscheiden (müssen). Der Angriff wäre eine logische Reaktion, für die der Organismus auch bestens vorbereitet ist. Alle Hunde haben die Fähigkeit, Aggressionen zu zeigen. Diese werden in dem Maße eingesetzt, wie es die individuelle Situation erforderlich macht. Sozialisierte und physisch als auch psychisch gesunde Hunde zeigen keine übermäßigen Aggressionen. Dies würde die (eigene) Verletzungsgefahr unnötig in die Höhe treiben und genauso unnötig Energie verschwenden. Es ist übrigens nicht so, dass es, wenn Hunde sich laut gebärden, besonders gefährlich ist – eher das Gegenteil ist der Fall.

Vorsicht ist geboten, wie der Hund zukünftig in bestimmten Situationen reagiert. »Nichts macht so sexy wie Erfolg« heißt es und das spüren auch die Vierbeiner. Ist Ihr Hund erfolgreich mit seinem Aggressionsverhalten, so wird eine Dopaminausschüttung die Folge sein. Dopamin ist die Selbstbelohnungsdroge und der Hund lernt: Aggressionsverhalten fühlt sich »gut« an. Mithilfe von Noradrenalin wird diese für den Hund großartige Erfahrung noch intensiver abgespeichert. Daher achten Sie darauf, dass sich bei Ihrem Hund langfristig aus den ursprünglichen Stressreaktionen keine erlernten Spaßreaktionen entwickeln.

Freeze – Erstarren

Eine weitere Möglichkeit ist das regelrechte Erstarren zur Salzsäule. Dabei verharrt Ihr Hund in der Position, in der er sich gerade befindet. Sicher haben Sie das schon bei Hundebegegnungen gesehen oder auch in einem Moment erlebt, als Sie Ihren Hund einmal berührten und er ganz starr war. Hinter dem Verhalten steckt der Wunsch: »Vielleicht sieht mich ja keiner, wenn ich nichts mache ...«. Hinterher sollten Sie nur Ihrem Hund Bewegung ermöglichen, damit er die angestaute Energie wieder loswerden kann.

Flirt – Übersprungshandlung

Der Hund ist in einem Konflikt: Er wird von Ihnen durch das Signal »Hier« zurückgerufen, doch Sie beugen sich vornüber, um ihn zu motivieren. Aus seiner Sicht ist diese Körperhaltung eine Drohgeste, keine Motivation. Ihr Hund hat nun zwei logische Möglichkeiten. Er kommt zu Ihnen und folgt dem Signal oder er bleibt weg, weil er sich bedroht fühlt. Stattdessen wählt er eine dritte Option: Er geht schnüffeln oder kratzt sich. Sprich: Er zeigt ein Verhalten, das nicht in den Kontext passt.

Stress beim Hund erkennen

Werfen wir einen Blick auf die körperlichen Anzeichen von Stress. Manche Merkmale werden jedoch so minimal gezeigt, dass man sie leicht übersieht. Schauen Sie genau hin. Mit ein bisschen Übung werden Sie die Stressanzeichen schneller erkennen und richtig einordnen:

- → Der Hund leckt sich über die Schnauze oder gähnt vermehrt.
- → Der Puls ist erhöht.
- → Der Hund hechelt stark.
- → Er ist unruhig und verwehrt Leckerchen.
- → Er ist nervös.
- → Er kratzt sich auf einmal oder hebt das Bein.
- → Er reitet auf.
- → Es kommt zu einer Spontanschuppung.
- → Er hat plötzlich Durchfall.
- → Er vokalisiert – er fiept, jault oder bellt.

Nun wissen Sie, wie Sie Stress erkennen. Entscheiden Sie, ob ein weiteres Training möglich ist oder es besser abgebrochen werden muss.

Eine lange Zunge kann auch ein Indiz für Stress sein, gerade wenn es nicht übermäßig warm ist.

Bei der Spontanschuppung wirft der Hund überschüssigen Ballast in Stresssituationen einfach ab.

Nähern Sie sich keinem ängstlichen Hund, den Sie nicht einschätzen können.

Trainingsplan — Montag

Vor Ihnen liegt eine weitere spannende Woche. Haben Sie aus der letzten Woche alle Aufgaben umsetzen können? Wenn nein, bringen Sie die Wochenplanung aus Kapitel 1 zuerst in Ruhe zu Ende. Stressen Sie sich nicht, sondern machen Sie eins nach dem anderen. Sobald Sie soweit sind, warten hier Ihre neuen Aufgaben für die kommende Woche auf Sie:

Aufgaben aus Kapitel 2:

1. Visualisieren Sie Ihren optimalen Spaziergang und definieren Sie ein Feinziel für sich. Arbeiten Sie mit dem Feinziel, indem Sie es jeden Tag (mindestens) einmal lesen und sich vor Augen führen.
2. Beantworten Sie die Frage, warum Sie dieses Ziel erreichen wollen. Warum hilft das Ziel Ihnen, Ihrem Hund und anderen?
3. Führen Sie ein Erfolgstagebuch.
4. Welchen Typ Hund haben Sie an der Leine: Leinenzieher, Leinenreaktivist usw.? In welcher Situation schätzen Sie ihn wie ein?
5. Beobachten Sie Ihren Hund auf dem Spaziergang: Welche Stress- und Entspannungsanzeichen können Sie erkennen?
6. Geben Sie Ihrem Hund auch in unscheinbaren Situationen ein Feedback, wenn er auf dem Spaziergang etwas gut macht. Loben Sie nicht überschwänglich mit Leckerchen und Co., sondern sagen Sie ihm anerkennend mit freundlichen und ruhigen Worten: »Hey, gut gemacht ...«. Streuen Sie dies einige Male auf dem Spaziergang ein.

Meine Motivation:

1	2	3	4	5	6	7	8	9	10

Morgens:

....

....

....

....

....

....

Mittags:

....

....

....

....

....

....

nachmittags:

....

....

....

....

....

....

abends:

....

....

....

....

....

....

....

Dienstag	Mittwoch

Meine Motivation:

1	2	3	4	5	6	7	8	9	10

Morgens:

Mittags:

nachmittags:

abends:

Meine Motivation:

1	2	3	4	5	6	7	8	9	10

Morgens:

Mittags:

nachmittags:

abends:

Donnerstag

Meine Motivation:

1	2	3	4	5	6	7	8	9	10

Morgens:

Mittags:

nachmittags:

abends:

Freitag

Meine Motivation:

1	2	3	4	5	6	7	8	9	10

Morgens:

Mittags:

nachmittags:

abends:

Samstag

Meine Motivation:

1	2	3	4	5	6	7	8	9	10

Morgens:

Mittags:

nachmittags:

abends:

Sonntag

Meine Motivation:

1	2	3	4	5	6	7	8	9	10

Morgens:

Mittags:

nachmittags:

abends:

3

Mit Training zum Erfolg

In diesem Kapitel lernen Sie, wie Sie Ihre Ziele durch Training erreichen. Das Gelernte wird anschließend in Ihren Alltag integriert. So werden Sie auch bei größerer Ablenkung genau wissen, was Sie tun können, um aus trubeligen Situationen entspannte Spaziergänge mit Ihrem Hund zu gestalten.

MATERIALIEN UND HILFSMITTEL

Keine Sorge, der große Rucksack kann zu Hause bleiben, wenn Sie sich zur Gassirunde aufmachen. Aber ein paar Materialien sollten Sie trotzdem an Bord haben.

Halsband oder Geschirr?

Beginnen wir mit der klassischen Frage: Halsband oder Geschirr – was ist besser? Da es auch in wissenschaftlichen Untersuchungen Pro und Kontra für beide Parteien gibt, orientieren Sie sich am besten an Ihrem Vierbeiner. Jeder Hund hat seine eigene Anatomie, Physiologie, Gesundheit und Persönlichkeit sowie Vorlieben und Erfahrungen. Daher gibt es auch keine Pauschalantwort auf die eingangs gestellte Frage – hier ist eine individuelle Anpassung an den Hund und seinen Alltag nötig.

Übrigens geht es auch nicht um die Entscheidung für Halsband oder Geschirr an sich. Vielmehr sollte Ihr Schwerpunkt darauf liegen, wie Sie mit den Materialien umgehen. Im Folgenden stellen wir Ihnen ein paar grundlegende Empfehlungen zusammen:

Sehen Sie die Leine nicht als Ihre »Versicherung« an, sondern fokussieren Sie sich auf eine Führung ohne Leine – durch Kommunikation zwischen Ihnen und Ihrem Vierbeiner.

- Rucken Sie weder am Geschirr noch am Halsband. Dies kann in beiden Fällen Verletzungen und Schmerzen auslösen.
- Konzentrieren Sie sich auf die direkte Kommunikation mit dem Hund. Kommunizieren Sie nicht über Leine und Halsband/Geschirr, sondern sprechen Sie den Vierbeiner an oder interagieren Sie körpersprachlich.
- Das Halsband sollte so breit sein, dass es bei Zug nicht einschneidet.
- Wenn Sie ein Geschirr nutzen, so empfehlen wir Ihnen, dass dieses – wenn Sie es Ihrem Hund für das Training anlegen – drei Befestigungsringe hat: zwei am Rückensteg und einen im vorderen Brustbereich.
- Prüfen Sie, wie Geschirr und Halsband bei Ihrem Hund sitzen. Viele Geschirre sind nicht genormt, daher ist ein Anprobieren unbedingt nötig. Ihr Hund sollte beim Laufen bestmögliche Bewegungsfreiheit haben. Auch im Stand oder im Liegen dürfen Geschirr und Halsband nicht stören.
- Büxt Ihr Hund gern mal aus, achten Sie beim Anpassen darauf, dass er sich nicht nach vorn oder durch Rückwärtsgehen aus Geschirr oder Halsband herauswinden kann.
- Prüfen Sie, mit welchem Material Sie sich gut fühlen und den Eindruck haben, dass Sie Ihren Hund lenken und halten können. Achtung: Es geht um Lenken und Führen, nicht um das Wegzerren von etwas!
- Ihr Hund sollte bei allem, was er trägt, immer frei und gut atmen, hecheln, fressen und trinken können.
- Der Markt bietet unzählige Marken, Moden und Varianten. Verschaffen Sie sich einen Überblick. Prüfen Sie auch die Materialien, die Ihnen auf den ersten Blick optisch nicht gefallen und setzen Sie sich mit der Technik dahinter auseinander. Vielleicht ist dies das Halsband oder Geschirr, das Ihnen einen angenehmen Spaziergang ermöglicht.
- Geschirre oder Halsbänder, die sich zuziehen lassen und den Hund in seinem Lauf stoppen, indem man ihm die Luft nimmt, sind hingegen grundsätzlich tabu.
- Ob Leder, Biothane, Neopren, Kunststoff und jede Menge Kombinationen aus diesen Materialien – es gibt alles! Fühlen Sie die Materialien und entscheiden Sie, was Ihnen behagt. Auch die Pflege ist ein Entscheidungskriterium. Für Ihren Hund wählen Sie das Material so, dass es nicht einschneidet und leicht und bequem zu tragen ist.

Leinen

Bei der Auswahl der Leine gelten oben genannte Punkte genauso, doch beachten Sie zwei weitere Kriterien. Die Leine sollte sich auf die Länge einstellen lassen, mit der Sie und Ihr Hund sich wohlfühlen. Sie beide sollten so viel Nähe oder Distanz darüber aufbauen können, dass Sie Ihre Individualdistanz aufrechthalten können. Sprich: Sie und Ihr Hund laufen in dem Abstand oder der Nähe zueinander, die Ihnen am besten behagt. Viele Halter beschreiben den Leinenradius oft als zu lang, sobald sie ihren Hund über eine zu große Distanz nicht mehr führen und lenken können. Im besten Fall hängt die Leine locker durch. Sie ist nicht zum Ziehen, Werfen oder Ähnlichem da. Sowohl die Leine als auch die Ringe und Karabiner daran sollten aus leichtem Material bestehen.

Schleppleinen

Schleppleinen sind besonders lange Leinen, die entweder als Managementmaßnahme oder zu Trainingszwecken eingesetzt werden können. Eine Anschaffung von mindestens einer Schleppleine ist sicherlich sinnvoll, gerade wenn Ihr Training noch nicht so verläuft, wie Sie es sich wünschen. Allerdings tragen Sie mit einer Schleppleine viel Leine mit sich herum. Wird diese nass, ist sie sehr schwer. Wählen Sie daher am besten ein Material, das sich nicht mit Wasser vollsaugt. Das wäre unnötiges Gewicht, das Sie und Ihr Hund tragen müssten. Die Breite der Leine richtet sich nach der Größe des Vierbeiners. Einige Leinen sind mit Gumminoppen versehen, die Ihnen einen besseren Halt in der Hand verschaffen.

Schleppleine zu Managementzwecken

Es gibt immer wieder Augenblicke im Leben eines Hundehalters, in denen er seinen Vierbeiner weder frei laufen noch an der kurzen Leine halten kann. Sie wissen sicherlich, wie wichtig es ist, dass Ihr Hund seinem Bewegungsbedürfnis nachkommen kann. Grenzen sind oft angezeigt, wenn der Hund im Freilauf nicht zuverlässig auf Ihre Signale hört. Funktioniert der Rückruf nicht, so endet der Freilauf oft im Chaos und/oder zumindest in unsicherem Verhalten des Hundehalters, der ständig Ausschau nach sich nähernden Katastrophen hält, um dann den eigenen Hund schnell anleinen zu können. In diesen Situationen bietet es sich an, den Vierbeiner an eine Schleppleine zu nehmen. So abgesichert, kann er zumindest in verschiedenen Geschwindigkeiten laufen.

Merke! Die Schleppleine gehört ausnahmslos ans Geschirr. Durch den größeren Radius erhöht der Hund schnell im Lauf das Tempo. Springt er in die Leine, wird dies durch das Geschirr besser gefedert. Als wertvolles Hilfsmittel erweist sich die Schleppleine auch bei läufigen Hündinnen, jagdlich ambitionierten und/oder sozial unverträglichen Hunden, aber auch zur Brut- und Setzzeit von Wildtieren usw.

Bitte beachten Sie, dass Sie die Schleppleine zu Managementmaßnahmen einsetzen. Das bedeutet, dass Ihr Hund mehr Laufmöglichkeiten an der Leine bekommt, um über Bewegung sein Laufbedürfnis und die Gesundheit zu fördern sowie Stresshormone abzubauen. Suchen Sie Stellen, die sich dazu eignen, von der kurzen Leine auf die Schleppleine zu wechseln. Weitläufige und reizarme Flächen bieten sich am besten an. Der Hund sollte nicht als reine Managementmaßnahme an der Schleppleine geführt werden, da Sie, auf dem Bürgersteig etwa, Ihren Hund wieder kurzhalten müssten.

UNSER TIPP: *Schleppi oder Flexi? Viele Hundehalter fragen, ob zum Leinentraining auch eine Flexleine taugt. Mit dieser gibt man dem Hund viel Bewegungsfreiraum. Für Spaziergänge ist sie sicherlich zu nutzen, doch durch die Halterung wird die Sensibilität zwischen Hund und Halter unterbrochen. Diese benötigen wir aber im Leinentraining. Nutzen Sie zu diesem speziellen Training lieber eine normale Leine.*

Merke! Zum Eigenschutz sollten Sie Handschuhe tragen, damit Sie keine Verbrennungen durch plötzliches Festhalten oder vehementes Ziehen des Hundes an der Leine erleiden.

Schleppleine zu Trainingszwecken

Die Schleppleine kann als Hilfsmittel im Training genutzt werden. Im Aufbautraining lassen sich so Signale, wie »Warte«, »Steh«, »Sitz« usw. auf Distanz trainieren, ohne dass der Hund weglaufen kann. Bitte setzen Sie die Leine aber nur im Notfall ein, sodass der Hund nicht ausbüxen kann. Gezogen wird daran nicht.

T-Shirts, Bandagen und Thundershirts®

Wir hatten ja schon über Raum, Nähe und Distanz gesprochen. Viele Hunde mögen es sehr, wenn sie sich in unsicheren Augenblicken selbst eingrenzen können. Sie suchen etwa Schutz zwischen unseren Beinen. Sucht auch Ihr Hund diese Nähe, so geben Sie ihm diese und vermitteln ihm damit sicheren Schutz.

Für ängstliche Hunde und solche mit ständigem Außenfokus besteht die Option, sie über bestimmte Wickeltechniken mit Bandagen aus dem TellingtonTouch® oder durch das Tragen eines Thundershirts® zu unterstützen. Legen Sie Ihrem Hund diese Materialien vor dem Spaziergang an, sogar das Geschirr lässt sich problemlos darüber befestigen. Beides vermittelt Sicherheit und unterstützt die Propriozeption, also die eigene Wahrnehmung von sich selbst in einem Raum. Viele Hundehalter legen sich vor dem Spaziergang selbst eine Bandage um, da sie ihnen einen gewissen Halt gibt.

ALLTÄGLICHE MISSVERSTÄNDNISSE

DIE SITUATION: *Manche Hundehalter verwenden Materialien und Hilfsmittel, die dem Hund Schaden zufügen und/oder gesetzlich verboten sind. Leider zeigt der Einsatz von Strafe Erfolg und Hunde lassen sich vom Ziehen oder Pöbeln dadurch abhalten. Doch es gibt bessere Methoden! Nutzen Sie tierschutzkonforme Trainingsmöglichkeiten.*

WAS SIE DENKEN: *Oft ist man nur froh, den Hund »halten« zu können. Damit das gelingt, scheint jedes Mittel recht zu sein. Wenden Sie sich in solch schwierigen Fällen bitte an einen Hundetrainer, der mit Ihnen Schritt für Schritt moderne Techniken erarbeitet. Sie werden mit dieser Art der Unterstützung ein besseres Gefühl erlangen.*

WAS IHR HUND DENKT: *Ihr Hund lernt durch den Einsatz von Strafe nur, dass er Ärger bekommt, wenn er ein bestimmtes Verhalten zeigt. Ein Verhalten wird meist nur gehemmt, die Motivation an sich aber bleibt bestehen. Auch lernt der Hund durch einen reinen Strafeinsatz nicht, was er besser machen kann.*

Ganz egal, wie süß er guckt: Ihr Hund stellt sich blitzschnell auf neue Situationen ein. Sie auch?

4-WEGE-COACHING

Ordnen Sie zu, in welcher Situation Sie und Ihr Hund sich befinden – umso eher wissen Sie, wie Sie reagieren können.

Sie können grob vier Bereiche festmachen, die Ihnen immer wieder begegnen: Alltag, Training, Management, Notfall. Diese genau zu erkennen hat den Vorteil, dass Sie sich zukünftig nicht mehr hilflos fühlen, sondern aufgrund der Zuordnung genau wissen, was Sie tun müssen. Hundehalter neigen dazu, in brenzligen oder stressigen Situationen reagieren zu wollen. Dabei vermischen sich bisher gelernte Trainingsansätze mit impulsiven und untrainierten Handlungen. Diese Mischung ist für Hund und Halter sehr anstrengend und leider auch nicht erfolgsversprechend. Anbei stellen wir Ihnen Ihren zukünftigen Plan A vor:

Alltag

Täglich durchleben wir unseren Alltag – es sind Momente der Routine und Rituale. Beides erdet uns und lässt uns entspannen. Im Alltag läuft auch alles gut mit dem Hund. Wir sind zufrieden mit den Abläufen. Vielleicht könnte man das eine oder andere verbessern, aber der Leidensdruck ist nicht so hoch, dass wir (wirklich) etwas verändern, schließlich läuft doch alles harmonisch. Der Zustand des Alltags ist das, was wir uns wünschen, wenn es Probleme mit dem Hund gibt. Somit wird verständlich, dass das Ende eines jeden guten Trainings eine Integration in den Alltag bedeutet.

Aufgabe Nehmen Sie Ihren Alltag bewusst wahr und freuen Sie sich über das, was Sie gemeinsam mit Ihrem Hund erreicht haben.

Training

Egal ob mit Hundetrainer oder allein: Training mit dem Vierbeiner bedeutet, dass wir uns eine gewisse Zeit nehmen, um ein neues Verhalten zu etablieren. Um erfolgreich zu sein, gibt es bestimmte Maßstäbe, die eingehalten werden sollten und ein gutes Training ausmachen:

- Im Training lernen Hund und Halter eine neue Verhaltensfolge. Diese wird immer wieder geübt, sodass sie für den Hundehalter reproduzierbar ist. Er weiß also, was er tun muss und worauf es ankommt, wenn er ein bestimmtes Verhalten von seinem Hund sehen möchte. Dieses läuft immer gleich ab. In einer Trainingssituation hat der Halter Zeit und Ruhe, dies wiederholend zu trainieren, bis jeder Handgriff sitzt.
- Das Training findet in reizarmer Umgebung statt, damit Sie sich auf dessen elementare Details fokussieren können. So bekommen Sie die nötige Routine. Erst wenn das gelungen ist, wird der Schwierigkeitsgrad erhöht. Sie merken, Training ist etwas Gestelltes oder Künstliches.
- Das Training ist nicht damit beendet, dass Sie und Ihr Hund eine Übung beherrschen, sondern wenn Sie und Ihr Vierbeiner eine Übung trotz aller Ablenkungen beherrschen und das Training in den Alltag integriert wurde (siehe links).
- Im Training dürfen Sie sich ausprobieren. Sie werden vieles richtig machen, doch auch Fehler dürfen passieren. Durch gute Planung und Kleinschrittigkeit fallen Fehler schnell auf und festigen sich dadurch nicht in Ihren Wiederholungen. Durch eine extra Signalwirkung (wie etwa der Wechsel vom Halsband zum Geschirr, verbale Info usw.) können Sie Ihrem Hund mitteilen, dass Sie sich im Training befinden.

Aufgabe Analysieren Sie Ihren bisherigen Trainingszustand: Was trainieren Sie gerade und welche Schulnoten geben Sie sich dafür? Gleichen Sie ab, ob Sie damit zufrieden sind oder sich eine 1 oder 2 wünschen.

Management

Ihr Management ist immer dann gefragt, sobald Sie im Vorfeld wissen, dass Ihr Vierbeiner mit einer Situation konfrontiert wird, die Sie

zwar schon fleißig üben, aber Ihr Hund in der gegebenen Reizintensität das im Training Gelernte nicht umsetzen kann. Die ablenkenden Reize sind zu hoch.
Stellen Sie sich vor, dass Ihr Vierbeiner eine Leinenaggression gegenüber bestimmten Artgenossen zeigt. Sie trainieren mit Stellvertreterreizen und schaffen es, dass Sie mit durchhängender Leine und einem entspannten Hund an Attrappen und anderen Hunden, etwa kleine, ruhige, schwarze Hunde, vorbeigehen können. Das sind zwar große Erfolge, doch leider reichen sie für eine Begegnung mit dem Erzfeind (groß, weiß und aufmüpfig) noch nicht. Sie benötigen für diese Übung also noch mehr Routine und Zeit, doch Sie wissen, dass der Erzfeind Ihres Hundes gleich um die Ecke biegen wird.
Statt einer souveränen Leinenführigkeit managen Sie diese Situation, indem Sie die Leinenlänge möglicherweise verkürzen und einen größeren Bogen um den Erzfeind machen. Das Ziel von Management (und Notfallsituationen) ist, dass der Kontext die Situation für Ihren Hund nicht verschlimmert und Ihr Vierbeiner keine weitere schlechte Erfahrung macht. Sie schützen ihn durch Ihr Management. Daher legen Sie sich immer einen Plan B zurecht, wenn Sie wissen, dass Sie auf dem Gassigang in solch schwierige Situationen geraten könnten.

Aufgabe In welchen Situationen können Sie Ihrem Hund im Alltag als »Super-Manager« zur Seite stehen? Es gibt bestimmt ein paar alltägliche Szenen, in denen Sie sich durch geschicktes Management das Leben vereinfachen können. Am besten notieren Sie sich diese und legen sich das passende Management zurecht.

Notfallmaßnahmen

Mit Notfallsituationen müssen Sie sich auseinandersetzen, wenn etwas im Alltag schiefläuft, mit dem Sie gerade nicht gerechnet haben, aber an eine Umsetzung von Training nicht zu denken ist. Ein Beispiel: Ihr Hund entdeckt auf dem Spazierweg ein Kind in seiner Nähe, das auf seiner Augenhöhe ein Schokoladeneis isst. Er setzt zum Sprint an. Statt des souveränen Rückrufs »Komm her, Bommel ... brav« greifen Sie beherzt in die Leine und halten den Hund darüber einfach nur auf, um das drohende Rendezvous zwischen Hundezunge und Eistüte zu verhindern.
Damit Sie Notfallmaßnahmen künftig besser überstehen und diese in ein professionelles Management und anschließend einen souveränen Alltag übergehen, zeigen wir Ihnen im letzten Kapitel einige Übungen, die Sie trainieren und umsetzen können (ab Seite 154).

Aufgabe Schreiben Sie auf, mit welchen Aufgaben Sie sich im Training, Management, Notfall oder bereits im Alltag befinden.

Sie sehen, dass (wieder einmal) alles ineinandergreift. Aus Training wird Alltag. Klappt der Alltag nicht, wird daraus Training gestaltet, das wiederum in den Alltag integriert wird. Aus Notfallsituationen betreiben Sie Management und Training und alles endet wieder im Alltag. Dies ist wichtig für Ihr Verständnis, da Sie viel besser einschätzen können, was Sie dem Hund zutrauen können. Gleichzeitig sinkt die Chance, dass Sie ihn überfordern, wenn Sie seine Grenzen kennen. Ihr Ziel sollte immer das Erreichen eines entspannten Alltags sein.

Selbstreflexion

Wählen Sie aus der letzten Aufgabe (siehe links) die Themen aus, die Sie verbessern wollen. Beantworten Sie dafür die folgenden Fragen, sodass Sie sich immer tiefer durch Visualisierung mit Ihrem eigentlichen Wunsch beschäftigen. Auf diese Weise richten Sie sich automatisch auf Ihr Ziel aus.

1. In welchen Situationen benötigt mein Hund einen »Super-Manager«?

____

____

____

____

____

2. Kann ich dieser »Super-Manager« sein oder benötige ich hier noch anderweitige Hilfe?

____

____

____

____

____

3. Wem vertraue ich, dass ich mir von der Person im Umgang mit dem Hund helfen lasse?

____

____

____

____

____

Es gibt so viele Dinge, die es zwischen Hund und Mensch wahrzunehmen gilt – achten Sie auf Nuancen.

NEUE VERHALTENSWEISEN ETABLIEREN

... Aber wie sag ich's bloß meinem Hund? Anbei ein paar Tipps, wie Ihr Hund Sie schnell und mit Freude verstehen wird.

Wie Hunde lernen ist unglaublich spannend – so spannend, dass wir allein mit diesem Thema mehrere Bände füllen könnten und Sie damit ganz bestimmt begeistern würden. Damit wir jedoch im vorliegenden Ratgeber nicht den Rahmen sprengen, möchten wir Ihnen die wichtigsten Basics zum Thema Lernen kurz und bündig zusammenstellen, sodass Sie Lust bekommen, all unsere Vorschläge auszuprobieren und nachzumachen.

Apropos nachmachen: Wussten Sie, dass Hunde durch Nachahmung lernen können? Das fällt unter den Begriff »soziales Lernen«. Die Vierbeiner beobachten uns und andere im Alltag und sehen uns bei den unterschiedlichsten Verhaltensweisen zu. Ist die Motivation des Hundes für eine Verhaltensweise hoch genug oder genießt Ihr Hund Aussicht auf Erfolg, kann es gut sein, dass er es auch mal probiert.

Das bedeutet für Sie: Seien Sie sich bewusst, dass Sie auf dem Spaziergang eine Vorbildfunktion einnehmen. Sowohl Handlungen als auch Stimmungen können vom Hund nachgeahmt und übertragen werden. Oder meinen Sie, dass es Zufall ist, wenn Ihr Hund sich genau dann knurrenderweise »danebenbenimmt«, wenn Ihr unliebsamer Nachbar des Weges kommt? Möchten Sie also brenzlige Situationen deeskalieren, so gehen Sie am besten selbst in Ruhe, langsam und optimistisch an die Sache heran.

Die Stimmungsübertragung fest im Blick

Da die Stimmungsübertragung ein so wichtiger Punkt ist, nehmen wir sie hier extra mit auf. Von der Macht der Stimmungsübertragung haben Sie meist nur etwas, wenn Sie Ihre (ruhige!) Stimmung auf Ihren Hund übertragen und nicht die des Vierbeiners annehmen oder gar eine aufgebrachte Stimmung auf den Hund übertragen. Dies sollte grundsätzlich für jede Interaktion mit Ihrem Liebling gelten.

Das bedeutet für Sie: Nehmen Sie vor jedem Training oder jeglicher Kommunikation mit Ihrem Hund Ihre Stimmung wahr. Sind Sie gereizt oder unter Zeitdruck, so verschieben Sie die Trainingseinheit, wenn möglich. Atmen Sie ruhig durch, visualisieren Sie Ihr Trainingsziel, das Sie in den nächsten Minuten mit Ihrem Hund erreichen möchten. Steigen Sie in Ihr Superman-/Superwomankostüm und übertragen Sie Ruhe und Entspannung. Seien Sie fokussiert und nur bei Ihrem Hund. Sie werden sehen, dass sowohl die Übungen als auch die Alltagssituationen wesentlich besser gelingen, wenn Sie voll und ganz bei Ihrem Hund sind. Ihr Vierbeiner wird sich Ihrer Stimmung sofort

Stadtspaziergänge sehen oft harmonisch aus. Dahinter steht viel Training von Hund und Halter.

Kennt Ihr Hund, dass Sie das Signal nach jeder Übung auflösen, so entspannt er beim Warten.

annehmen. Die Kommunikation wird Ihnen leicht(er) fallen, ohne dass Sie real angefangen haben zu trainieren.

Wenn das Training nicht gelingt

Sollte es einmal passieren, dass das Training partout nicht gelingen will, so liegt es meist nicht daran, dass die Übung selbst falsch umgesetzt wurde. Der Grund ist sehr häufig darin zu finden, dass Sie die Stimmung Ihres Hundes angenommen haben oder Sie selbst in keiner guten Stimmung waren.
Unterschätzen Sie das soziale Lernen nicht. Es findet immer statt. 24/7 ist es unser ständiger Begleiter. Wir denken oft, dass Lernen nur etwas mit Verknüpfungen und Training zu tun hat, und sind verwundert, dass der Hund dennoch Dinge tut, die wir ihm so nicht beigebracht haben. Das sind meist die Erfahrungen, die er in unserem gemeinsamen Zusammenleben sammeln durfte – dort, wo wir Alltag genießen und eben auch Fehler machen und inkonsequent sind. Wir haben nicht immer den Schwerpunkt auf unsere Vorbildfunktion gelegt und so passiert das Leben einfach – Hund und Mensch lernen in einer Tour, auch wenn es nicht immer das Gewünschte ist.

Lernen durch Verknüpfungen

Hunde lernen auch durch sogenanntes Assoziationslernen. Dabei werden zwei Reize miteinander fest verbunden. Es wird also ein Pakt geschlossen: Heben Sie Ihren Zeigefinger und/oder sagen »Sitz«, so hat Ihr Hund vermutlich gelernt, dass es sich lohnt, seinen Po auf den Boden zu setzen. Hier wurde ein Signal an eine Handlung oder Verhaltensweise gekoppelt. Es lassen sich aber nicht nur Handlungen verknüpfen, sondern auch Gefühle. Das Spannende ist, dass dies sowohl bewusst als auch unterbewusst geschieht. Für uns als Hundehalter ist dies Fluch und Segen zugleich.
Der Segen dahinter ist, dass wir unserem Vierbeiner durch Assoziationslernen schnell etwas bewusst beibringen können, wenn wir um die Technik wissen. Der Fluch ist, dass sein Gehirn dauernd Verknüpfungen herstellt. Auf diese Weise können sich mitunter auch Fehlverknüpfungen ergeben, wenn wir nicht korrekt trainiert haben oder sich durch Zufälle (unerwünschte) Verknüpfungen einstellen. Um Sie bestmöglich vorzubereiten und die Fehlerquellen gering zu halten, finden Sie nachfolgend

SHORTCUT:

Hunde lernen in entspannter Atmosphäre am besten. Trainieren Sie mit Ihrem Hund, wenn Sie gut gelaunt, geduldig und entspannt sind. Umso schneller hat Ihr Vierbeiner den Bogen raus.

einen Ablauf, wie Sie Ihrem Hund eine Übung durch das Assoziationslernen beibringen können. Wir stellen das direkt anhand einer praktischen und sinnvollen Übung vor und laden Sie herzlich ein, diese nachzumachen.

Das Auflösesignal im Grundtraining

Wir gehen davon aus, dass Ihr Hund mit diesem Signal noch nicht vertraut ist. Wir befinden uns im Grundtraining, es hat noch keine Verknüpfung zwischen Signal und Handlung stattgefunden. Das Ziel des Grundtrainings ist, dass wir ein Signal, wie »Frei« etablieren können und der Hund eine Handlung damit verbindet. Ist uns dies gelungen, so ist das Grundtraining abgeschlossen.

Würden Sie einfach so das Signal »Frei« sagen, würde Ihr Hund Sie ansehen und nicht wissen, welche Verhaltensweise Sie von ihm erwarten. Das liegt daran, dass Hunde unseren inneren Wortlaut und deren Konsequenz nicht (automatisch) verstehen. Sie können es leicht nachvollziehen. Stellen Sie sich vor, Sie gehen durch

Was oft einfach aussieht, bedarf einer guten Planung. Gut geplant ist auf jeden Fall schon halb trainiert.

Ein Trainingsplan bietet Ihnen und Ihrem Hund eine gute Orientierung.

Grämen Sie sich nicht, wenn das Begegnungstraining mit anderen Hunden auch seine Zeit braucht.

den Stadtpark und eine fremde Person kommt auf Sie zu und sagt »Bratpfanne«. Wir sind uns sicher, dass Sie in diesem Kontext und ohne zusätzliche Hinweise nicht wüssten, was Ihnen die fremde Person mitteilen möchte. Daher fangen wir jedes Training mit neuen Signalen im Grundtraining an, sodass Hund und Halter von der Pike auf gemeinsam lernen können.

Wenn Sie jedes neue Training im Grundtraining beginnen, wissen Sie langfristig, dass Sie Ihrem Hund das Signal richtig beigebracht haben und er es kann und kennt. Das ist unglaublich wichtig für Sie, wenn Sie einschätzen sollen, ob Ihr Vierbeiner nicht kann oder nur nicht will, wenn er etwas nicht umsetzt. Sie gehen mit einem Hund in der Folge ganz anders um, wenn Sie wissen, dass er das Signal nicht umsetzen kann (weil er es nicht gelernt hat) oder er es nicht umsetzen will (weil er gerade einen besseren Plan hat). Allein das Wissen verbessert Ihre Kommunikation.

Wie oben beschrieben, ist es nicht ratsam den Hund mit einem Signal zu konfrontieren, das er lernen soll, aber noch gar nicht kennt – zumindest nicht im ersten Schritt. Verfahren Sie am besten nach dem geschilderten Muster.

Praxisanleitung Schritt für Schritt

Finden Sie zunächst einen Weg, wie Sie eine Handlung auslösen können. Im ersten Schritt wird die Handlung also provoziert. Das kann durch Locken, etwa durch Stimme, Vormachen, Leckerchen usw. stattfinden oder auch über das freie Formen (→ Markertraining, Seite 86 ff.), indem der Hund eigenständig ein Verhalten anbietet und durch einen Marker von uns den Hinweis bekommt, dass er auf dem richtigen Weg ist. Das machen Sie so lange, bis er das gewünschte Verhalten zeigt. Auch ein Target kann das Training unterstützen. Sie sehen, 1000 Wege führen nach Rom und alle, die tierschutzkonform sind, dürfen Sie gehen. Der Einfachheit halber stellen wir Ihnen nur einen Weg zum Assoziationslernen vor, den Sie gern ausprobieren können:

- Der Hund steht vor Ihnen. Er muss keine besondere Position halten. Nehmen Sie nun ein »Lockmittel«, mit dem es für den Hund attraktiv wird, die Position zu verlassen. Für viele Vierbeiner ist das ein Leckerchen oder Spielzeug. Es reicht aber auch völlig aus, wenn Sie eine Handbewegung einsetzen.
- Werfen Sie das Leckerchen circa 50 Zentimeter von Ihrem Hund entfernt hin. Wenn er es haben möchte, muss er seine Position verlassen. Das wird er sehr wahrscheinlich tun. Er darf hinlaufen und das Leckerchen fressen. Sollten Sie nicht wünschen, dass Ihr Hund etwas vom Boden frisst, so halten Sie es in der Hand und locken den Hund mit einer einladenden Handbewegung aus der zuvor gezeigten Position heraus. Setzt sich Ihr Hund in Bewegung, so loben Sie und geben ihm das Leckerchen. Sie sehen, das Leckerchen hat hier eine Doppelbedeutung. Es ist gleichzeitig Lockmittel (vor Umsetzung der gewünschten Handlung) und Verstärker (nach Umsetzung der gewünschten Handlung) in einem. Statt Leckerchen können Sie auch ein Spiel oder eine Streicheleinheit nutzen, so wie Sie und Ihr Hund es mögen.

- Wiederholen Sie die Übung mehrfach. Beobachten Sie genau, was für den Hund der genaue Handlungsauslöser ist. Dieser spielt für uns später noch eine wichtige Rolle, daher sollten Sie genau herausarbeiten, auf welches Signal hin Ihr Hund zuversichtlich das gewünschte Verhalten (das Auflösen der zuvor eingenommenen Position) zeigt.
- Festigen Sie das Verhalten durch mehrfache Wiederholungen, etwa 10- bis 15-mal.
- Gelingt dies sicher – es kann je nach Schwierigkeitsgrad und Übung dauern! –, so ist es an der Zeit, das Signal einzuführen. Sie merken, das Signal wird erst eingeführt, wenn die Handlung sicher auslösbar ist. Auch die Signaleinführung unterliegt den Assoziationsgesetzen. Daher müssen wir folgende Reihenfolge einhalten, damit Ihr Hund das Signal mit der gewünschten Handlung verknüpfen kann:
  - Üben Sie noch einmal zur Wiederholung den bereits bekannten Ablauf, sodass Sie sicher sind, dass Ihr Hund das Verhalten zeigt.
  - Geben Sie das Signal »frei« und zeigen Sie unmittelbar danach den Handlungsauslöser, sodass Ihr Hund sicher das gewünschte Verhalten (das Verlassen der Position) zeigt.

In diesem Zusammenhang ergibt sich nun diese Reihenfolge: neues Signal – Handlungsauslöser – Hund zeigt Verhalten – Verstärker wird gegeben. Bei allen folgenden Signalen in diesem Buch, die Sie durch das Assoziationslernen beibringen möchten, beherzigen Sie bitte genau diese Reihenfolge.

Warum starten wir mit einem Auflösesignal?

Bei dem Auflösesignal haben wir gute Chancen, dass Ihr Vierbeiner es noch nicht kennt. Viele Hundehalter arbeiten bisher ohne dieses Signal und viele, die es benutzen, verwenden es, ohne es je ihrem Hund beigebracht zu haben. Eine gute Möglichkeit an dieser Stelle zu überprüfen, ob Sie Ihrem Hund ein Auflösesignal antrainiert haben und er es wirklich kann. Oder wird es untrainiert benutzt und er leitet es nur aus dem Kontext ab?

Viele Vorteile

Indem Sie ein Auflösesignal benutzen, nachdem Sie Ihrem Vierbeiner ein Signal wie »Hier«, »Sitz«, »Fuß«, »Warte« usw. erteilt haben, genießen Sie und Ihr Hund viele Vorteile:

- Ihr Hund lernt, dass Sie jedes Signal wieder auflösen. Er kann während der Durchführung des Signals entspannen, da er weiß, dass es nicht seine Aufgabe ist, das Ende festzulegen.
- Sie können den Zeitpunkt steuern und Ihren Vierbeiner passend aus einer Position auflösen, etwa wenn der Fahrradfahrer an Ihnen vorbeigefahren ist.
- Weiß Ihr Hund, dass Sie das Zeichen geben und nicht er, so entscheidet er auch nicht spontan, bei attraktiven Reizen die Position zu verlassen.
- Dieser »Deal«, erst auf das Signal hin eine Übung zu beenden, lässt Ihren Stresspegel sinken. Sie wissen, dass Ihr Hund so lange verweilt und Sie ihn lenken können.

Sie werden merken, wie mit dem Erreichen Ihrer Etappenziele die Spaziergänge bereits immer unkomplizierter und einfacher werden.

Auf den folgenden Seiten werden wir nicht immer explizit schreiben, dass Sie Signale wieder auflösen sollten. Das wäre eine häufige Wiederholung, die wir ab sofort als gegeben voraussetzen.

Auf einen Blick

Die wichtigsten To-dos für das Grundtraining im Allgemeinen lassen sich wie folgt zusammenfassen:

- Das Grundtraining ist dazu da, dass wir ein Signal mit einer Handlung koppeln können. Zuvor weiß der Hund mit dem einzelnen Signal nichts anzufangen.
- Verstärken Sie im Training noch jedes Mal das gewünschte Verhalten und fokussieren Sie es weiterhin.
- Erzeugen Sie zunächst eine Handlung. Erst beim erfolgreichen Auslösen des Verhaltens wird das Signal etabliert.
- Zeigt Ihr Vierbeiner unerwünschtes Verhalten, ignorieren Sie dieses. Der Hund wird keinesfalls bestraft. Ignorieren Sie nicht den Hund selbst, sondern nur das gezeigte Verhalten.
- Gestalten Sie das Training in einem reizarmen Umfeld.

Das Grundtraining ist erfolgreich abgeschlossen, wenn Ihr Hund in reizarmer Umgebung die Handlung nach der Signalgebung zuverlässig zeigt.

Das Aufbautraining

Nach dem Spiel ist vor dem Spiel – und Ähnliches gilt auch für das Hundetraining. Nach einer erfolgreichen Trainingseinheit ist nicht die Zeit gekommen, sich auf seinen Lorbeeren auszuruhen, sondern nun sollte ein wirklich wichtiger Schritt langfristig trainiert werden: das Aufbautraining.
Auf die Frage, ob der Vierbeiner den Abruf sicher beherrscht, antworten viele Hundehalter häufig, dass er das natürlich kann – außer wenn ein Jogger vorbeikommt ... oder andere Hunde in der Nähe sind ... oder ein Kaninchen vorbeihüpft ... oder ... Hier liegt des Pudels Kern begraben und mit ihm ein großes Missverständnis zwischen Hund und Halter.

Generalisieren ist wichtig

Oft gehen Hundehalter davon aus, dass der Hund, sobald wir ihm das Rückrufsignal einmal beigebracht haben, es immer und überall befolgen wird. Pustekuchen! Tut er nicht! Nicht, weil er nicht will, sondern weil er nicht kann! Hunde lernen kontextbezogen. Ganz einfach erklärt bedeutet dies, dass der Vierbeiner ein Signal nur im Wohnzimmer umsetzen wird, wenn er es nur dort gelernt hat. Was stattfinden sollte, ist eine Generalisierung. Das bedeutet, dass der Hund das genannte Signal in allen Kontexten immer und überall und natürlich auch unter jeglicher Ablenkung umsetzen kann. Würde der Hund das tun (... und das setzt voraus, dass wir es fleißig trainieren), wären locker 99 Prozent all unserer Probleme gelöst. Kennt er die Leinenführigkeit unter allen ablenkenden Manövern, so zieht er nicht, wenn Menschen, andere Hunde usw. vorbeigehen. Beherrscht er sicher den Rückruf, kommt er freudig auf den ersten Pfiff zu uns zurück, auch wenn in 50 Meter Entfernung seine Hundekumpels noch frei miteinander spielen. Ein Traum? Lassen Sie ihn wahr werden! Wir können Sie nur ermuntern, dass Sie, nachdem die Verknüpfung zwischen Signal und Handlung steht, ins Aufbautraining übergehen.

Rückschritte gehören dazu – nehmen Sie diese mit Humor als zukünftige Herausforderung an.

Merkmale des Aufbautrainings

- Das Aufbautraining sollte unmittelbar an das Grundtraining angeschlossen werden. Es ist dafür da, um gelernte Signale zu generalisieren, sodass der Hund die Signale immer und überall umsetzen kann.
- Es kann sein, dass Sie Ihren Vierbeiner durch das Locken in die gewünschte Position im Grundtraining durch zusätzliche körpersprachliche Verhaltensweisen unterstützen mussten. Vielleicht mussten Sie selbst mit in die Hocke gehen, um den Hund ins »Platz« zu locken. Schleichen Sie schnellstmöglich solche Gesten aus, bevor der Hund sie fest mit der Übung verknüpft. Sie benötigen sie nicht für Ihr Ziel.
- Die Verstärker werden nun variabel gegeben. Das bedeutet, dass die Leckerchen an den Schwierigkeitsgrad der Übung angepasst werden. Auch können die Verstärker selbst in ihrer Attraktivität variiert werden. Das macht es für den Hund interessanter. Sie motivieren ihn für die Langstrecke.
- Unerwünschtes Verhalten auf das Signal hin kann korrigiert werden, sodass Sie Ihrem Hund helfen, das gewünschte Verhalten zu zeigen.
- Üben Sie in verschiedenen Kontexten.

Tipps für das Aufbautraining

- Trainieren Sie so, dass Sie immer nur eine (!) Variable im Training verändern. Wir Hundehalter können viele Dinge gleichzeitig tun und in den einzelnen Zeiten springen. Während wir uns in der Gegenwart aufhalten, lassen wir noch das Gespräch mit dem Steuerberater von letzter Woche Revue passieren und nahezu gleichzeitig fällt uns ein, dass wir abends noch die Wäsche machen müssen, damit das Shirt für das morgige Meeting noch trocken wird ... Dinge, die wir können, aber nicht tun sollten. Wir wissen alle, wohin das führt. Alles Dinge, die unser Vierbeiner nicht tut! Cleverer Hund – er lebt im Hier und Jetzt! Wenn wir uns nun aber wünschen, dass er gesellschaftsschick wird und sich überall und unter jeglichen Ablenkungen benimmt, so müssen wir ihm das nacheinander beibringen.
  Ja, es ist ein langer, auch mühsamer Weg – aber er lohnt sich! Möchten Sie also im Freilauf das »Sitz auf Distanz« beibringen, so entscheiden Sie sich, ob Sie im Aufbautraining erst die Distanz erhöhen, um mit dem Training fortzufahren, oder die ablenkenden Reize. Beides bringt Chaos und Sie können nicht Revue passieren lassen, warum Ihr Hund das gewünschte Verhalten vielleicht doch nicht gezeigt hat. Auch wenn es schwerfällt: eins nach dem anderen! Ein weiterer Vorteil davon ist, dass Sie kleine Fehlerteufel im Training besser erkennen, wenn Sie nur einen Fokus und einen Schwerpunkt im Training haben.
- Halten Sie durch! Ja, es kann anstrengend sein (... aber auch unglaublich schön), dass Sie Ihrem Hund verschiedene Kontexte bieten und dann auch noch kleinschrittig durch viele Wiederholungen begleiten. Hinzukommt, dass Ihr Hund in seinen ersten zwei bis drei Lebensjahren mehrere

Phasen durchläuft. Jede Phase ist von unterschiedlichen Verhaltensmustern, Bedürfnissen und Special effects gekennzeichnet. Ein pubertierender Hund verhält sich anders als ein Welpe oder ein ausgewachsener Hund. Dennoch sollte er durch Sie in dieser Zeit mit liebevoller Konsequenz unterstützt werden. Sie werden merken, dass sich all Ihre Bemühungen auszahlen werden. Sie werden einen gesellschaftsfähigen Vierbeiner als Begleiter haben.

- Woher weiß man, dass man den Schwierigkeitsgrad im Aufbautraining erhöhen kann? An der Stelle geben wir Ihnen eine recht einfache Hilfestellung mit: Wenn acht von zehn Übungen gelingen und Sie und Ihr Hund Freude daran haben, so können Sie die nächste Stufe im Training beginnen.

Bleiben Sie fokussiert

Als Hundehalter haben Sie zahlreiche Dinge im Blick und müssen vieles koordinieren. Nicht selten kommt man von Hölzchen auf Stöckchen und damit vom eigentlichen Ziel ab. Auch ertappt man sich dabei, sich mit halbfertigen Trainingsergebnissen oder Kompromissen zu arrangieren. Damit Sie mit Freude bei der Sache und fokussiert bleiben, müssen Sie lediglich drei Dinge pro Trainingseinheit beachten und schon läuft es fast von allein:

- Trainingsziel: Legen Sie das Trainingsziel für Ihre Übungseinheit fest. Was wird Ihr vierbeiniger Liebling nach Ihrer nächsten Trainingseinheit können?
- Belohnungsziel: Was genau (und nur das) belohnen Sie während der Trainingseinheit?
- Fütterungsposition: In welcher Position bekommt Ihr Hund den Verstärker zugefügt? Wählen Sie die Position so, dass Sie Ihrem Ziel näherkommt.

Sobald Sie merken, dass Sie sich gedanklich entfremden, fokussieren Sie sich auf die drei genannten Punkte. Gestalten Sie das Training allgemein kurz. Zwei bis drei Minuten am Stück reichen völlig aus, wenn Sie und Ihr Hund komplett fokussiert sind. Sie werden überrascht sein, wie hoch Ihre Wiederholungs- und Erfolgsrate in der kurzen Zeit sein wird.
Vielen fällt es schwer sich lange zu konzentrieren, daher nutzen Sie kurze und hoch konzentrierte Einheiten. Das ist sinnvoller, als wenn Sie während einer Übung an Konzentration und Genauigkeit verlieren. Ihre Erfolgsrate würde sinken. Daher lieber kurz. Ach ja, Handys, ablenkendes Gepiepse usw. sollten Ihr Training nicht beeinflussen und am besten gar nicht in der Nähe sein, wenn Sie und Ihr Hund Ihre neue Quality Time aufbauen.

Aus Wiederholungen werden Rituale

Durch jede Wiederholung unterstützen Sie Ihren Hund dabei zu verstehen, was Sie von ihm möchten. Wenn Sie bei identischen bzw. ähnlichen Abläufen bleiben, entwickeln Sie aus Wiederholungen Rituale in Ihrem Alltag. Rituale geben Hunden und Menschen gleichermaßen Sicherheit und Stabilität im Alltag. Umgekehrt werden Sie einige Verhaltensweisen deritualisieren müssen, um Verhalten zu verändern. Prüfen Sie genau, was Sie brauchen und wollen.

Hat der Hund den Clicker verstanden, so wird er sich wünschen, dass es »clickt«.

MARKERTRAINING – TRAINING AUF DEN PUNKT

Das Markertraining kann Ihr Training hervorragend ergänzen und Sie auf den Spaziergängen unterstützen.

Das Markertraining ist aus dem Hundetraining mittlerweile nicht mehr wegzudenken. Mit dieser einfachen Methode können Sie Ihrem Hund punktgenau erklären, welche seiner Verhaltensweisen erwünscht sind. Markertraining ist sowohl in der Grunderziehung als auch im Hundesport, beim Erlernen von Tricks oder in der Verhaltenstherapie vielseitig einsetzbar. Sogar komplexere Aufgaben lassen sich auf diese Weise spielend erlernen. Man unterscheidet mehrere Marker. Die beiden bekanntesten sind Clicker und Markerwort.

- Der Clicker ist eine Art Knackfrosch, der immer dasselbe Geräusch von sich gibt.
- Das Markerwort (Click, Top, Jep, Yap ...) ist kurz und prägnant und kann stimmungsneutral ausgesprochen werden.

Weder das Clickgeräusch noch das Markerwort haben zu Anfang eine Bedeutung für den Hund, beides wird erst konditioniert. Dabei lernt Ihr Vierbeiner, dass dieses Geräusch bzw. dieses Wort ein zuverlässiges Versprechen auf eine richtig tolle Belohnung ist.

Die Vorteile eines Markers

- Das Markertraining basiert auf positiver Verstärkung und ist ein Training ohne Strafe oder Zwang.
- Sie können mit einem Marker richtiges Verhalten punktgenau einfangen, indem Sie genau dann markern, wenn der Vierbeiner das gewünschte Verhalten zeigt. Das sorgt für Klarheit und verschafft Ihnen Zeit, denn nicht immer ist es möglich, rechtzeitig (innerhalb von zwei Sekunden) den Hund zu verstärken, damit er die Belohnung mit dem richtigen Verhalten verknüpfen kann. Der Marker gibt dem Hund somit eine Vorankündigung, dass das Verhalten gerade richtig war und gleich auch eine Belohnung folgt. Ausgelöst durch den Marker wird unter anderem das Hormon Dopamin ausgeschüttet – die »Selbstbelohnungsdroge«. Ihr Hund freut sich also schon beim Markern selbst. Er weiß, dass er etwas richtig gemacht hat und er gleich die Verstärkung erhalten wird.
- Dank des Markersignals weiß der Hund genau, für welches Verhalten er verstärkt wird. Es gibt Ihnen die Möglichkeit, auf Entfernung zu sagen: »Das jetzt war genau richtig, du hast dir dafür eine Belohnung verdient«.
- Sie können mit dem Clicker und dem Marker richtig trainieren, ohne dass Sie den Hund locken müssen. Drehen Sie den Spieß

Ein Click beendet die Übung. Er sollte aber nicht das Auflösewort ersetzen.

1. Auch über die Entfernung können Sie markern. Ist Ihr Hund konditioniert, wird er sich Ihnen zuwenden.

2. Wählen Sie zum Markern zu Beginn Orte mit geringer Ablenkung, aber steigern Sie kontinuierlich.

3. Ob es ein Blick oder ein gutes Mitlaufen ist – markern Sie Kleinigkeiten.

4. Markern Sie auch mal Ihre Freunde. Lassen Sie sie das von Ihnen gewünschte Verhalten erarbeiten.

um: Ihr Vierbeiner muss erst in Vorleistung gehen. Er muss also zuerst ein Verhalten zeigen. Geht das Verhalten in die gewünschte Richtung und kommt Ihrem Ziel näher, so markern Sie exakt diesen Moment. Daran erkennt der Hund, dass er auf dem richtigen Weg ist. Vorteil: Beim Erarbeiten des Aufgabenziels wird der Hund kognitiv sehr gut ausgelastet.

Diese Hilfsmittel benötigen Sie:

1. einen motivierten Hund
2. hochwertige, kleine, gut abschluckbare Leckerchen
3. ein Markerwort oder einen Clicker

Praxisanleitung Schritt für Schritt

→ Zum Aufbau eines Markers verknüpfen Sie zunächst einige Male den Click bzw. das Markerwort mit Futter. Dies löst eine positive Erwartungshaltung und auf das Wort hin ein gutes Gefühl aus.

→ Legen Sie sich zehn bis 15 kleine, gut abschluckbare Leckerchen in greifbare Nähe.

→ Ihr Hund sollte sich in Ihrer unmittelbaren Nähe befinden. Clicken Sie oder sagen Sie Ihr Markerwort. Greifen Sie (sehr wichtig!) erst dann nach dem Leckerchen und geben Sie es Ihrem Hund. Damit Sie nicht unbeabsichtigt schon durch eine Bewegung des Arms oder der Hand Ihrem Vierbeiner ein Signal geben, können Sie die Leckerchen auch hinter dem Rücken verstecken und sie erst nach dem Click bzw. Markerwort (C/M) hervorholen.

UNSER TIPP: *Wenn Ihr Hund schon beim Anblick des Clickers hochfährt und sich nicht auf die eigentliche Aufgabe konzentrieren kann, so nutzen Sie lieber ein Markerwort. Die Sichtung eines Clickers löst bereits eine Dopaminausschüttung aus. Das Markerwort kann hingegen zuvor nichts anzeigen. Das entspannt viele Vierbeiner.*

→ Ihr Hund muss weder ein bestimmtes Verhalten zeigen noch Sie anschauen. Er lernt jetzt nur: C/M bedeutet Futter. Geben Sie das Leckerchen mal im Stehen, mal im Sitzen.

→ Wiederholen Sie C/M plus Leckerchen etwa zehn Mal. Wenn Sie überprüfen möchten, ob die Konditionierung erfolgreich war, warten Sie, bis Ihr Hund kurz zur Seite blickt. Schaut er Sie nach einem Click sofort erwartungsvoll an, können Sie davon ausgehen, dass Sie erfolgreich waren.

Bitte beachten Sie folgende Regeln:

→ Ein Marker ist kein Leckerchenersatz. Nach jedem Click gibt es eine Belohnung, sonst verliert der Marker seine Wertigkeit. Soll weniger belohnt werden, wird weniger gemarkert.

→ Richtiges Verhalten wird nur einmal gemarkert. Keine Dauerklicks mit nur einmaliger Belohnung am Ende der Übung!

→ Haben Sie falsch gemarkert, bekommt der Vierbeiner trotzdem seine Belohnung.

→ C/M darf nicht dazu genutzt werden, die Aufmerksamkeit des Hundes zu bekommen oder ihn damit zurückzurufen.

Ihr Hund wird sich schnell an den Wechsel zwischen Arbeits- und Freizeitmodus gewöhnen.

LEINENFÜHRIGKEIT MIT ORIENTIERUNGSTRAINING

Weiß Ihr Hund um seine Aufgabe an der Leine, so wird der Spaziergang zum Kinderspiel.

Starten wir direkt mit der schwierigsten Aufgabe, nämlich dem Hund dauerhaft das Laufen an durchhängender Leine zu ermöglichen. Sicherlich haben Sie schon einiges an Training hinter sich. Oft frustriert aber genau dieses, weil man als Hundehalter meist schon viel trainiert hat, sich der Erfolg aber nicht einstellen wollte. Wir haben gute Nachrichten! Wir zeigen Ihnen hier einen Weg auf, wie Sie die Leinenführigkeit mit Freude in Ihren Alltag einbauen können, ohne dass Sie Rückschritte machen, wenn Sie mal nicht konsequent sind.

Ein positiver Blick

Schauen Sie positiv nach vorn und auf die vielen Vorteile, die sich durch eine durchhängende Leine zwischen Hund und Halter ergeben:

- Sie und Ihr Hund können dauerhaft superentspannte Spaziergänge genießen.
- Sie wissen, dass Ihr Hund locker an der Leine läuft, auch bei ablenkenden Reizen.
- Ihr Körper als auch der des Hundes wird durch lockeres Laufen entlastet. Die Zeiten des Tauziehens sind vorbei.
- Angst- und Stresshormone sinken, weil Sie alles im Griff haben.

Ziel

Ihr Hund läuft an lockerer Leine neben Ihnen, achtet selbstständig auf die Leinenspannung und ist dabei an Ihnen orientiert – und das mit und ohne Ablenkung.

Vor dem Training bitte beachten

Unterscheiden Sie Trainings- von Alltagssituationen! Sie selbst wissen natürlich, wann Sie mit dem Hund trainieren möchten oder aber mit Ihren Gedanken ganz woanders sind. Ihr Hund erkennt dies nur anhand Ihrer Stimmung, Konzentration und Handlung. Sie wissen ja, die menschliche Logik hinter unserem Verhalten kann sich unser Hund nur am Tun in der Gegenwart ableiten. Folglich bekommt er mit, dass es kurze Phasen gibt, in denen wir konsequent auf die Leinenführung achten, hochkonzentriert sind und erwarten, dass er einen guten Job macht. Und dann gibt es Phasen, in denen wir dem Hund einfach hinterherlaufen und der Leinenführung keine Aufmerksamkeit schenken. Da Letzteres meist den zeitlich längeren Part einnimmt, stellt der Hund nach einer Kosten-Nutzen-Analyse fest, dass sich Ziehen lohnt, und ignoriert, dass unsere Trainingsversuche zukünftig Bestand haben sollen. Er macht das nicht, um uns zu ärgern, sondern weil es geht – für uns als Hundehalter dennoch frustrierend. Aus diesem Grund gibt es hier die gute und wichtige Nachricht!

Orientiert sich Ihr Hund von sich aus an Ihnen, sind Sie einen ganzen Schritt weiter. Er zeigt Interesse an Ihnen.

Zu Beginn hilft ein gleichbleibender Leinenradius, um sich auf dem Spaziergang zu orientieren.

Bleiben Sie erkennbar!

Zu Trainingszeiten bekommt der Hund ein Arbeitsgeschirr um. Das sollte nicht das Geschirr sein, an dem zu ziehen er schon gewöhnt ist, sondern es darf ein neues oder neutrales Geschirr sein. Zu Trainingszeiten leinen Sie ihn am Geschirr an. Ist Ihre Trainingssequenz zu Ende, so wechseln Sie wieder auf das vorherige Alltagsgeschirr oder Halsband.

Sie geben Ihrem Hund dadurch die Chance zu erkennen, dass Sie hundertprozentig konsequent sind, wenn Sie mit ihm am Arbeitsgeschirr trainieren. Machen Sie eine Pause oder haben Sie einfach keine Lust, auf die Leinenspannung zu achten, so ist er dann im Freizeitmodus am Halsband. Das bedeutet nicht, dass Sie dort nicht mit ihm kommunizieren können. Das können Sie natürlich gern tun, aber es wird Ihnen der Arbeitsmodus verzeihen, dass Sie im Freizeitmodus auch mal inkonsequent sind. Sind das nicht wunderbare Aussichten?

Praktisch gestalten Sie es so:

Ziehen Sie Ihrem Hund vor dem Spaziergang (Freizeit-)Halsband und Geschirr an. Sie starten Ihren Spaziergang, der Vierbeiner ist am Halsband (so wie immer) angeleint. Zunächst ist er sicher noch etwas aufgeregt, er darf schnüffeln und sich lösen. Später dann, in einer möglichst überschaubaren, reizarmen Umgebung, lassen Sie Ihren Hund absitzen und befestigen die Leine am Geschirr. Nun trainieren Sie zwei bis drei Minuten die Leinenführigkeit. Danach wechseln sie wieder in den Alltagsmodus und Sie und Ihr Hund haben Pause. Bauen Sie zwei bis drei Trainingseinheiten pro Spaziergang ein, so bieten sich viele Trainingsoptionen. Statt der Halsband- bzw. Geschirrvariante kann die Unterscheidung auch etwa durch Ring an der Brust bzw. am Rücken oder ein Halstuch oder kein Halstuch getroffen werden. Wichtig ist, dass der Hund weiß, wann trainiert wird und wann Freizeit ist.

Die Trainingszeiten am Arbeitsgeschirr werden verlängert, sobald der Hund die ersten zwei bis drei Minuten mindestens 80 Prozent an durchhängender Leine läuft. Gewöhnen Sie sich ein System an, mit dem Sie Ihren Erfolg messen und entscheiden können, wann Sie die nächste Trainingsstufe angehen. Klappen acht von zehn Malen oder 80 Prozent einer Übung, erhöhen Sie den Schwierigkeitsgrad, sodass Ihr Hund nicht langfristig lernt, dass die Übung zu Ende ist, und sich nicht weiterentwickelt.

SHORTCUT:

Beginnen Sie auch mit Welpen das Orientierungstraining – selbst wenn das Hundekind noch gar nicht an der Leine zieht. Glauben Sie uns, der Vierbeiner wird es bald tun. Umso besser, wenn sich Orientierung für ihn lohnt. Legen Sie den Fokus immer auf das, was Sie wollen!

Diese Hilfsmittel benötigen Sie:

1. einen motivierten Hund
2. hochwertige Leckerchen
3. einen Clicker oder ein Markerwort
4. eine nicht zu kurze Leine
5. ablenkungsarme Umgebung

Voraussetzung für eine gute Leinenführigkeit

Wenn wir von Leinenführigkeit sprechen, so wünschen wir uns einen Hund, der nicht nur an lockerer Leine läuft, sondern der sich zudem an uns orientiert. Dies erreichen wir durch ein Orientierungstraining, das wir als Basis vor jedes Leinenführigkeitstraining setzen.
Viele Hunde leben auf Spaziergängen im Außenfokus. Durch ein Orientierungstraining

Läuft der Hund ohne Ablenkung entspannt und Sie fühlen sich wohl, so können Sie ...

... erste Ablenkungen einbauen. Ein Maßstab für die Intensität wäre, dass die Leine leicht gespannt ist.

So lernt der Hund entspannt und leinenführig, an der Ablenkung vorbeizugehen.

lernt er, dass es lohnenswert ist, den Fokus nach innen, in Richtung seines Hundehalters, zu verändern. Damit fördern wir die Bindung und die Teamfähigkeit des Mensch-Hund-Gespanns. Gleichzeitig werden Sie als Halter ein neuer Anker für Ihren Vierbeiner, wenn er wahrnimmt, dass er von sich aus jederzeit Kontakt zu Ihnen aufnehmen kann. Zusätzlich ist nur ein orientierter Hund in der Lage, etwa Tempo- und Richtungswechsel problemlos mitzubekommen und sich Ihnen anzupassen.

Schritt 1: Orientierungstraining

1. Ihr Hund ist angeleint (im Trainingsmodus) und steht an lockerer Leine in Ihrer unmittelbaren Nähe. Warten Sie, bis Ihr Vierbeiner Sie ab Hüfte aufwärts anschaut. Diesen Blickkontakt markern Sie und geben Ihrem Hund ein Leckerchen. Ebenso können Sie ihn verbal loben. Achten Sie bei der Art und Weise des Lobs bitte darauf, dass der Hund nicht zu sehr hochfährt, aber das Lob natürlich versteht.

UNSER TIPP: *Entspannen Sie beim Orientierungstraining und markern Sie nur die Aufmerksamkeit, die der Hund Ihnen von sich aus widmet. Locken Sie nicht, wenn es zu lange dauert. Je weniger Sie seine Aufmerksamkeit wollen, desto mehr wird er sie langfristig suchen.*

2. Blicken Sie wieder geradeaus und warten Sie, bis Ihr Hund erneut zu Ihnen schaut. Haben Sie etwas Geduld und versuchen Sie nicht, durch ein Schnalzen oder ähnliche Geräusche seine Aufmerksamkeit zu bekommen. Es geht darum, dass er erkennt, dass sich Kommunikation mit Ihnen lohnt. Die Aktion kommt von ihm, nicht von Ihnen. Geben Sie Ihrem Hund die Zeit, die er benötigt, um selbst festzustellen, welches Verhalten erwünscht ist. Schaut Ihr Hund Sie wieder an, wird dies wieder belohnt.

Schritt 2: Folgen und Mitlaufen

1. Wenn Ihr Hund verstanden hat, dass sich die Orientierung an Ihnen lohnt und er zielgerichtet zu Ihnen schaut, können Sie einen Schritt weiter gehen.
2. Nach dem Blickkontakt und der Leckerchengabe drehen Sie sich etwas von Ihrem Vierbeiner weg, in einem Winkel von 45 Grad. Nun warten Sie erneut, bis er Sie wieder anschaut. Dafür muss Ihr Hund seine Position verändern, um ein weiteres Mal mit Ihnen Kontakt aufnehmen zu können. Lassen Sie Ihren Vierbeiner selbst aktiv werden. Sie werden sehen, wie schön Ihr Hund das machen wird.
3. Gelingt auch dies, laufen Sie zwei bis drei Schritte weiter. Ihr Hund sollte sich dabei schon auf der Seite/Position befinden, auf der Sie Ihn auch später neben sich laufen haben möchten. Markern Sie das Folgen und geben Sie das Leckerchen in der gewünschten Position. Möchten Sie also, dass

Ihr Hund links neben Ihnen läuft, halten Sie die Leine am besten in der rechten Hand und füttern Sie ihn aus der linken – so läuft der Hund schön gerade weiter.

4. Ab jetzt bekommt der Hund nicht mehr die Verstärkung für den Blickkontakt, sondern für das Laufen in der gewünschten Position. Markern und füttern Sie Ihren Hund, wenn er dort läuft, wo Sie es wünschen.

Merke! Es ist wichtig, dass Sie sowohl beim Markern als auch bei der Leckerchengabe selbst in Bewegung bleiben und Ihr Hund auch. Bleiben Sie stehen, wird es Ihr Hund ebenfalls tun. Markern und verstärken Sie im Stehen, so wird Ihr Hund lernen, dass das Stehenbleiben das Ziel ist. Bedenken Sie, dass wir immer das bekommen, was wir bestätigen. Sie wollen Bewegung von Ihrem Hund? Dann markern und verstärken Sie die Bewegung.
Die Belohnung sollte Ihr Hund im Belohnungsraum bekommen. Das bedeutet Folgendes: Wenn Sie sich wünschen, dass Ihr Hund an durchhängender Leine auf der linken Seite entspannt neben Ihnen läuft, dann sollte er auch da die Verstärkung für das gewünschte Verhalten bekommen.

So geht es weiter

Bauen Sie langsam Tempo- und Richtungswechsel in Ihre Trainingseinheiten ein. Laufen Sie Kurven und Wendungen und belohnen Sie Ihren Hund später auch, wenn er stoppt, sobald Sie stehenbleiben. Trainieren Sie an unterschiedlichen Orten mit unterschiedlichen Ablenkungsreizen. Halten Sie Ihre Trainingseinheiten kurz und vergessen Sie nicht vom Trainings- wieder in den Alltagsmodus zu wechseln, sobald Sie das Training beenden.
Leinenführigkeit wird nicht von heute auf morgen gelernt. Bleiben Sie also kontinuierlich am Ball und haben Sie vor allem Spaß am Training! Notieren Sie Ihre Erfolge in Ihrem Erfolgstagebuch. Freuen Sie sich auch über Kleinigkeiten und über das große Ganze.

Was schiefgehen könnte

Wir wissen natürlich, dass das soeben Geschilderte in der Theorie sehr einfach und einleuchtend klingt, es in der Praxis aber dann doch an der einen oder anderen Stelle nicht so funktionieren will, wie Sie es sich vorstellen. Hier ein paar kleine Hilfestellungen, wenn es nicht so klappt wie gewünscht.

Ihr Hund schaut Sie nicht an

- → Belohnen Sie schon kleinste Anzeichen seiner Orientierung, etwa eine leichte Drehung der Ohren oder des Kopfes in Ihre Richtung. Erwarten Sie noch keinen direkten Blickkontakt, ein Blick ab Hüfte aufwärts ist völlig in Ordnung.
- → Steigern Sie die Qualität der Leckerchen.
- → Kontrollieren Sie Ihr Timing und markern Sie exakt in dem Moment, in dem Ihr Hund zu Ihnen schaut.
- → Überprüfen Sie Ihre Trainingsumgebung. Befinden sich hier zu viele Reize, sodass es Ihrem Vierbeiner schwerfällt, sich auf die Übung zu konzentrieren? In diesem Fall wählen Sie für das Training besser ein reizärmeres Umfeld, das Ihren Hund nicht so stark ablenkt.

Ihr Hund folgt Ihnen nicht

- Wenn Ihr Hund zwar verstanden hat, dass sich der Blickkontakt lohnt, nun aber nicht mitläuft, könnte es sein, dass er sich nicht ganz sicher ist, was er tun soll. Helfen Sie ihm, indem Sie ihn körpersprachlich einladen oder ihn zu sich locken und den ersten Schritt direkt belohnen.

Ihr Hund zieht an der Leine

- Springt Ihr Vierbeiner doch einmal vor und spannt damit die Leine, ziehen Sie ihn bitte nicht zurück. Halten Sie die Leine nur fest und warten Sie, bis Ihr Hund die Leine wieder selbstständig lockert. Laufen Sie weiter und geben ihm damit die Info, dass es aufgrund seiner Lockerung der Leine weitergehen kann. Somit lernt er, direkt Einfluss auf das Geschehen zu nehmen. Auf diese Weise erfährt der Hund, dass eine gespannte Leine ihn nicht weiterbringt. Gern können Sie ihm auch durch einen Richtungswechsel die Möglichkeit verschaffen, wieder die gewünschte Position einzunehmen.

Was tun, wenn er doch mal zieht?

Durch das vorangegangene Training haben Sie das Grundtraining und dessen Regeln umgesetzt und damit die Verknüpfung für den Hund geschaffen, dass er an dem Arbeitsgeschirr an lockerer Leine laufen soll.
Im weiteren Verlauf, spätestens ab dem Abschnitt auf Seite 95 »So geht es weiter«, befinden Sie sich im Aufbautraining und trainieren auch nach den entsprechenden Regeln. Das bedeutet zwangsläufig aber auch, dass Sie im Training mit Situationen konfrontiert werden, in denen Sie aus der Komfortzone treten müssen, weil Ihr Hund ziehen wird. Dies kann schon allein durch eine leichte(!) Steigerung der Ablenkung passieren. Hier ist dann die Frage, wie Sie damit umgehen können. Anbei ein kleiner Wegweiser:

- Zuerst einmal achten Sie bitte darauf, dass die ablenkenden Reize so dosiert zugeführt werden, dass die Erfolge des Hundes immer noch bei mindestens 80 Prozent liegen. Dadurch bleiben Sie handlungsfähig und Ihr Vierbeiner lernt am Erfolg, dass eine durchhängende Leine Sinn ergibt und es lohnenswerter ist, wenn er nicht einen Kraftakt vollbringen muss, um seinen Halter davon zu »überzeugen«, indem er ihn durch Körpereinsatz aus den Socken zieht.
- Sie fokussieren (und feiern) die Erfolge und den Blick auf das, was Sie haben möchten.
- Kommt es aber nun dazu, dass Ihr Hund auf einen Reiz reagiert und zieht, drosseln Sie Ihr Tempo und gehen Sie langsam Ihres Weges weiter. Atmen Sie dabei ganz ruhig. Durch das Tempolimit verhindern Sie den Erfolg, den Ihr Hund durch das Ziehen sonst erreichen würde. Gleichzeitig baut Bewegung aber Stress ab und so muss der Hund nicht abwarten, bis der Reiz wieder weg ist. Wichtig ist dabei, dass Sie selbst bei sich und Ihren zielgerichteten Gedanken sind und sich nicht vom Hund anstecken lassen. Sie schauen auf Ihr Ziel, nicht auf den Reiz, der den Hund ablenkt. Sie halten eine gute Körpersprache parat und bieten dem Hund damit an, sich wieder an Ihnen zu orientieren. Blättern Sie gern noch einmal

zurück auf Seite 16 ff. zum Thema »Bedürfnisse des Hundes«. Überlegen Sie, welchen Raum, welche Rolle, Authentizität, Körpersprache usw. Ihr Hund benötigt, um entspannen zu können. Da Sie außerdem bereits das Orientierungstraining absolviert haben, kennt Ihr Hund schon einen lohnenswerten Plan und wird sich zu Ihnen umdrehen und sich für Sie entscheiden. Sie haben bereits gute Vorarbeit geleistet und können nun die Früchte ernten. Schaut Ihr Hund zu Ihnen und entspannt minimal die Leine, gehen Sie weiter.

- Wenn Sie sich nicht ablenken lassen und aus Ihrer Rolle fallen, werden Sie merken, dass Ihr Hund schnell Ihre Nähe und Antwort sucht.
- Ziehen Sie nicht dagegen, wenn Ihr Hund an der Leine zieht. Der Oppositionsreflex greift nicht nur in der Physik, sondern auch im Hundetraining. Halten Sie die Leine nur fest und bleiben Ihrer Spur treu. Ruhig atmen und weitermachen!

Sie werden überrascht sein, mit wie wenig Einsatz und Hilfsmitteln Sie Ihren Hund an sich binden können – dies ist im wahrsten und positivsten Sinne gemeint. Beachten Sie, dass Sie die Ablenkungen im dosierten Maß steigern, und Sie werden feststellen, wie erfolgreich und ruhig Sie alle Techniken einführen und ausprobieren können. Lassen Sie immer mehr Übungseinheiten auf dem Spaziergang zu und verlängern Sie das Training systematisch. Irgendwann können Sie eine gesamte Spazierrunde leinenführig gestalten, als wäre es schon immer so gewesen. Mischen Sie also Technik mit den mentalen Komponenten des Glücksrads.

ALLTÄGLICHE MISSVERSTÄNDNISSE

DIE SITUATION: *Das Positive und das Negative im Leben: Viele Menschen können schnell sagen, was sie an einem anderen stört. Die positiven Stärken hingegen aufzuzählen fällt oft schwerer. Wir neigen auch im Hundetraining dazu, dass wir nur auf Fehler des Vierbeiners warten, um sie dann zu korrigieren oder aber uns darin bestätigt zu sehen, dass wir ja genau wussten, dass er es nicht kann … Denken Sie um!*

WAS SIE DENKEN: *Sehen Sie die Gläser ab jetzt halb voll! Kein Hund will Sie absichtlich ärgern. Geben Sie ihm lieber Hinweise, etwa durch einen Marker, welches Verhalten Sie gut finden! Er kann sich an Ihrem Lob orientieren und ableiten, was Sie sich von ihm wünschen, wenn es verstärkt wird. Suchen Sie keine Fehler, sondern das, was er schon kann, und bauen Sie darauf auf.*

WAS IHR HUND DENKT: *Ihr Hund nimmt es hin, wie es ist. Das gilt für Verstärkung wie für Strafen. Er kann sich aber schneller Ihrem Alltag anpassen, wenn er weiß, was er richtig macht.*

Ein Fuß sollte kein Dauersignal werden, aber für ein paar Meter kann es sehr hilfreich sein.

»FUSS« IM ALLTAG

Die »Fuß«-Übung: Die einen lieben sie, die anderen eher nicht. Nutzen Sie sie so, wie Sie sie brauchen.

Ein klassisches »Fuß« ist nicht mit einer Leinenführigkeit zu verwechseln. In der Tat ist es auch nicht das, was sich der Hundehalter von heute wünscht. Der Hund soll nicht den Spaziergang für längere Zeit auf der Höhe des eigenen Oberschenkels absolvieren. Das strengt Hund und Halter an – diese Zeiten sind vorbei.

Die Vorteile von »Fuß«

Heute darf sich der Hund an einem größeren Radius erfreuen. Dennoch sollten Sie ein »Fuß« nicht von Ihrer Liste streichen, sondern es Ihrem Hund beibringen. Es hat einen großen Vorteil, wenn Sie Ihren Hund in engen Situationen, etwa in der Innenstadt, in schmalen Gassen, beim Überqueren von Straßen, beim Passieren von kleinen Kindern oder ablenkenden Reizen usw., über ein paar Meter führen können. Üben Sie sowohl auf der linken als auch auf der rechten Seite, mal mit und mal ohne Leine, dann haben Sie Ihren Hund bestens vorbereitet. Es bedarf etwas Zeit, eine gute Fußarbeit zu entwickeln, aber es lohnt sich auf jeden Fall!

Ziel

Ihr Hund wechselt eigenständig auf das Signal »Fuß« hin auf die Höhe Ihres Oberschenkels und läuft entspannt in Ihrem Lauftempo mit. Drehungen, Richtungswechsel usw. vollführt Ihr Hund ebenfalls mit Ihnen. Er zeigt das Verhalten unter jeglicher Ablenkung. Die Übung wird durch Ihr Auflösesignal beendet.

Diese Hilfsmittel benötigen Sie:

1. einen motivierten Hund
2. hochwertige Leckerchen
3. eine ablenkungsarme Umgebung
4. gegebenenfalls eine Leine

Vor dem Training bitte bedenken

Fragt man Hundehalter, was Sie unter »Fuß« verstehen, wird man wahrscheinlich viele verschiedene Antworten erhalten. Im Hundesport und bei Begleithundeprüfungen umfasst das Signal eine ganze Reihe von Verhaltensweisen, die genau und präzise definiert sind. Dieses »Fuß« wird vermutlich anders aussehen als das, das Sie im Alltag verwenden möchten.

Aus diesem Grund ist es sehr wichtig, vorab festzulegen, wie genau IHR »Fuß« aussehen soll. Wie dicht soll der Hund beispielsweise an Ihrer Seite laufen? Wo soll sich seine Brust befinden? Soll er Sie dabei anschauen? Wir beschreiben hier ein »Fuß« für den alltäglichen Gebrauch. Sollten Sie dagegen ein sportliches »Fuß« – beispielsweise für die Dummyarbeit, Obedience etc. – benötigen, so ist der Aufbau meist ein wenig anders. In diesem Fall wäre es sinnvoll, zwei verschiedene Signale mit unterschiedlichen Namen einzuüben.

Ein eindeutiges Signal

Sie sind frei in der Namensgebung, wichtig für den Hund ist, dass Sie ein Signal einer Handlung zuordnen. Trainieren Sie das »Fuß«-Laufen beispielsweise auf der linken Seite, so wird sich Ihr Vierbeiner, sobald er das Signal hört, aufmachen, um mit Ihnen an Ihrer linken Seite zu laufen. Er käme nicht auf die Idee, dass er sich auf der rechten Seite einordnet. Wünschen Sie sich ein Fuß auf der rechten Seite, so bringen Sie ihm die folgende Übung neu bei, nur eben auf der rechten Seite. Verwenden Sie dafür dann ein neues Signal.

Üben Sie »Fuß« auch mit einer Leine. Wichtig ist, dass sie immer locker durchhängt und nicht zur Korrektur genutzt wird. Der Hund wird daran nicht korrigiert und zurückgezogen. Das passiert im Kontext leider schnell. Lernen Sie, Ihren Hund mit Ihrer Stimmung, mit Klarheit und Signalen zu führen. Wenn Sie durch Hilfsmittel führen, gewöhnt er sich daran, dass die Leine zur Übung gehört. Da »Fuß« aber auch im Freilauf funktionieren soll, würde das nicht gehen, wenn er dieser eine Signalwirkung zugesteht. Zudem soll er seine Aufmerksamkeit auf Sie richten, nicht auf die Hilfsmittel.

Für Ihren Hund ist es meistens entspannter, wenn er beim Fußlaufen geradeaus schauen kann.

Praxisanleitung Schritt für Schritt

- Locken Sie Ihren Hund auf die Seite Ihrer Wahl parallel neben sich, genau in die Position, die Sie sich wünschen. Das kann durch Leckerchen oder auch nur durch Ihre einladende Körpersprache geschehen. Auch ein Locken in die Position durch die Arbeit mit dem Marker wäre möglich.
- Motivieren Sie ihn, ein paar Schritte in dieser Position mitzugehen. Zwei bis drei Schritte reichen völlig aus. Für viele Hunde ist es einfacher, wenn Sie immer mit dem gleichen Bein starten. Widerstehen Sie der Versuchung, zu viele Schritte zu machen. Belohnen Sie Ihren Hund sofort für die ersten Schritte, während er in der gewünschten Position läuft. Entlassen Sie ihn im Anschluss mit Ihrem Auflösesignal aus der Übung. Wiederholen Sie dies ein paar Mal.
- Können Sie Ihren Hund in die passende Position locken und zusammen einige Schritte laufen, führen Sie das Fußsignal ein. Dazu locken Sie Ihren Hund zunächst wieder in die Startposition parallel neben Sie. Kurz bevor Sie loslaufen, geben Sie nun das neue Signal »Fuß« und laufen los. Verstärken Sie Ihren Hund beim Laufen immer wieder für die gute Mitarbeit und beenden Sie die Übung aktiv mit dem Auflösesignal.
- Erhöhen Sie die Schrittzahl und bauen Sie Wendungen in beide Richtungen ein.
- Das »Fuß« ist eine konzentrationsintensive Übung und sollte nur für kurze Strecken genutzt werden. Üben Sie gern zwei bis drei Mal am Tag in kurzen Trainingseinheiten.
- Das Lockmittel sollten Sie möglichst schnell wieder abbauen. So machen Sie sich davon nicht abhängig und der Hund kann sich auf die eigentliche Übung konzentrieren. Dazu können Sie z. B. die Leckerchenhand immer höher in Richtung Brust wandern lassen und schließlich ohne Futter locken, bis Sie ganz darauf verzichten können. Nach und nach bauen Sie die Hand als weitere Hilfe ab.
- Verstärken Sie Ihren Hund fleißig für gute Leistung weiter und senken Sie die Belohnungsrate nur langsam und unregelmäßig.

So machen Sie weiter

- Wenn Ihr Hund es gut schafft, ein paar Meter »Fuß« zu gehen, können Sie damit beginnen, die Reize zu erhöhen und die Aufgabe anspruchsvoller zu gestalten. Verlagern Sie Ihr Training in den Garten, auf die Auffahrt, einen Parkplatz oder auf einen abgelegenen Feldweg. Legen Sie Ablenkungen aus (Kauartikel, ein Spielzeug oder Futter) und laufen Sie mit Ihrem Hund im »Fuß« daran vorbei.

→ Gestalten Sie die Übungen so, dass Sie nicht immer direkt an der Reizgrenze arbeiten oder über die Leistungsfähigkeit Ihres Hundes hinausgehen. Das führt zu Frust auf beiden Seiten. Ein gutes Training ist erfolgreich und ein Fortschritt dabei erkennbar!

→ Sollte der Reiz zu groß sein, bleiben Sie ruhig, laden Sie Ihren Hund wieder in die gewünschte Fußposition ein und starten Sie erneut. Vereinfachen Sie notfalls die Übung, indem Sie den Reiz reduzieren (weniger tolle Dinge auslegen, Abstand erhöhen).

Was schiefgehen könnte

Der Hund verlässt die Position

→ Reduzieren Sie die Strecke und trainieren Sie geduldig weiter.

Der Hund springt hoch, um an die Leckerchen zu gelangen

→ Geben Sie Acht, dass der Hund kein Leckerchen stibitzt, das würde das unerwünschte Verhalten verstärken. Halten Sie die Lockhand nicht über der Hundenase, sondern vor Ihrem Bauch, sodass der Hund nicht drankommt.

→ Verwenden Sie nicht so hochwertiges Futter. Manche Hunde können nicht mehr denken, wenn die Leckerchen das Non-Plus-Ultra sind.

Läuft Ihr Hund völlig entspannt und freudig durch eine Menschengruppe …

… steigern Sie die Ablenkung, indem Sie etwa eine Hundeattrappe einbauen.

Erst wenn das klappt, üben Sie mit stärkeren, ablenkenden Reizen.

DAS HANDTARGET

Nutzen Sie Ihr Fingerspitzengefühl und zeigen Sie Ihrem Hund, dass es sich lohnt, Ihre Finger zu berühren.

Bringen Sie Ihrem Hund das Handtarget bei, denn es ist sehr nützlich. Ihre Hand können Sie auf dem Spaziergang immer einsetzen, um den Hund ganz leicht von A nach B zu dirigieren oder ihn in eine gewünschte Position zu bringen. Außerdem können Sie das Handtarget als Managementmaßnahme in schwierigen Situationen verwenden sowie verschiedene Tricks damit erarbeiten – der Auslastungsfaktor kommt beim Handtarget nicht zu kurz. Durch Targettraining können Sie Ihren Hund ohne direkten Körperkontakt führen und positionieren. Dies ist bei Vierbeinern, die sich ungern anfassen lassen, besonders günstig.

Ziel

Ihr Hund berührt mit seiner Nase Ihre Hand auf das Signal »Touch«.

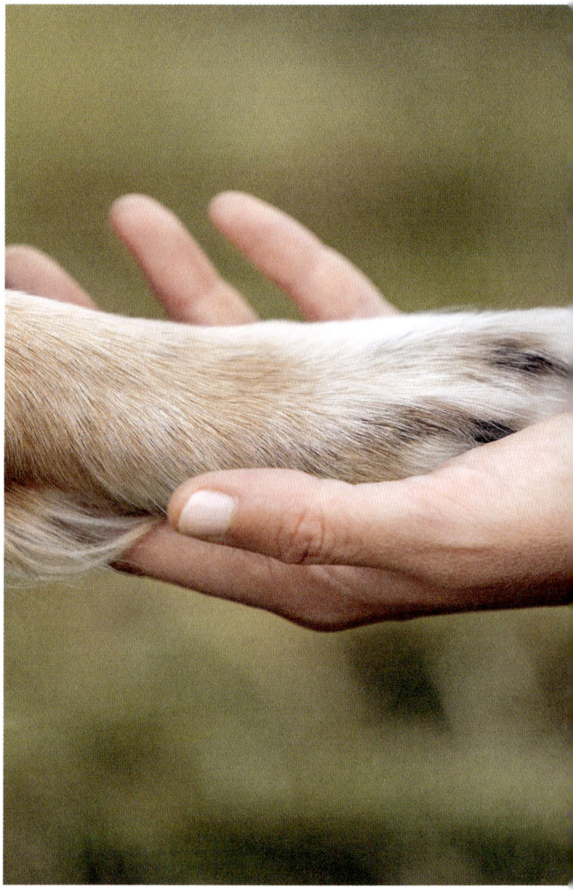

Ein Handtarget kann ganz unterschiedlich aussehen. Auch die Berührung durch eine Pfote wäre denkbar.

Diese Hilfsmittel benötigen Sie:

1. einen motivierten Hund
2. hochwertige Leckerchen oder ein Spielzeug
3. einen Clicker oder ein Markerwort
4. eine ablenkungsarme Umgebung

Vor dem Training

Bevor Sie mit dem Training starten, überlegen Sie sich, welches Signal Sie verwenden möchten und was der Hund genau tun soll. Soll er beispielsweise die Handinnenfläche mit seiner Nase berühren oder vielleicht nur zwei ausgestreckte Finger? Möchten Sie, dass Ihr Vierbeiner die Hand nur kurz berührt oder soll er so lange an der Hand »kleben«, bis Sie ihm ein Auflösesignal geben? Möchten Sie Ihre linke oder rechte Hand nutzen? Überlegen Sie genau und definieren Sie ein Feinziel für die Übung.

Praxisanleitung Schritt für Schritt

- Setzen Sie sich entspannt vor Ihren sitzenden Hund. Überlegen Sie, welche Hand Sie als Targethand nutzen möchten und in welcher Sie den Clicker halten, wenn Sie kein Markerwort verwenden.
- Halten Sie die Targethand zunächst hinter Ihrem Rücken und strecken Sie sie dem Hund dann auf Höhe seiner Nase entgegen, sodass er sich nur ein kleines bisschen vorstrecken muss. Die meisten Hunde reagieren auf diese Bewegung und berühren schnell die Hand mit der Nase. Genau in diesem Moment klicken Sie oder sagen Ihr Markerwort. Die Targethand lassen Sie an Ort und Stelle und belohnen den Hund nun direkt davor oder aus der Targethand. Anschließend nehmen Sie die Hand wieder hinter den Rücken und wiederholen den Vorgang drei- bis fünfmal.
- Bewegen Sie die Hand nicht zu schnell oder zu dicht auf den Hund zu. Das könnte ihn verunsichern. Die Hundenase sollte die Hand berühren und nicht umgekehrt. Lassen Sie Ihren Vierbeiner das gewünschte Verhalten zeigen.
- Präsentieren Sie die Hand an unterschiedlichen Stellen: rechts oder links vom Hund, auf Brusthöhe, etwas über seinem Kopf usw. Noch darf der Hund in seiner Position verweilen. Wiederholungen festigen das Gelernte.
- Präsentieren Sie mehrfach Ihre Hand nun so, dass Ihr Hund seine Position verlassen und sich in Richtung Hand bewegen muss, um sie zu berühren.
- Hat Ihr Hund die Übung verstanden, führen Sie das Signal »Touch« ein. Das Sichtzeichen, worauf der Hund das gewünschte Verhalten zeigt, ist das Präsentieren der Hand. Um das Hörzeichen einzuführen, sagen Sie »Touch« und nehmen unmittelbar danach die Hand nach vorn, damit der Hund sie mit der Nase berühren kann.
- Steigern Sie die Ablenkung von leicht zu schwierig in kurzen Trainingseinheiten.

Der Hund soll an der Hand »kleben«

- Möchten Sie, dass Ihr Vierbeiner die Hand länger berührt, verlängern Sie die Dauer, indem Sie nach dem ersten Anstupsen der Hand auf ein zweites Anstupsen warten, das Sie dann markern und verstärken. Nach

Kennt Ihr Hund das Targettraining, so haben Sie ein weiteres Hilfsmittel, das den Alltag vereinfacht.

einigen Wiederholungen wird der Hund merken, dass er nicht mehr für das erste Anstupsen eine Belohnung erhält, und wird schnell ein weiteres oder sogar gleich ein längeres Verhalten anbieten. Wenn Sie geschickt im Timing mit Ihrem Marker sind, wird der Hund auf diese Weise sehr schnell lernen, an der Hand zu »kleben«.

- Im späteren Verlauf vergessen Sie nicht, dieses Verhalten mit einem Auflösesignal zu beenden. Das Auflösesignal geben Sie, wenn Sie meinen, dass der Hund lang genug an der Hand »klebt«. Anschließend erfolgt wieder der Marker und der Verstärker. Üben Sie auch, den Hund mithilfe Ihres Handtargets an (leicht) ablenkenden Reizen vorbeizuführen. Dies gelingt meist schon stressfrei.

Was schiefgehen könnte

Der Hund zeigt keinerlei Interesse an der Hand

- Kontrollieren Sie die Qualität der Leckerchen. Sollten Sie nicht hochwertig genug sein, tauschen Sie die Lockmittel aus.

Der Hund möchte immer die Pfoten benutzen

- Manche Hunde erkunden neue Dinge gern mit der Nase, manche lieber mit den Pfoten. Vielleicht kann Ihr Vierbeiner auch schon Pfötchen geben und glaubt, er soll dieses Verhalten zeigen. Bieten Sie die Hand so, dass der Hund nicht in Versuchung kommt, die Pfote zu benutzen. Prä-

UNSER TIPP: *Achten Sie auf eine ruhige Handhaltung. Ihr Vierbeiner kann sich sehr viel besser fokussieren, wenn Ihr Handtarget ganz ruhig gehalten wird. Nervöse Hunde stecken uns schnell mit ihrer Stimmung an. Übertragen Sie lieber die Ruhe auf Ihren vierbeinigen Liebling, die er benötigt, und führen Sie diese Übung im ganz entspannten Modus durch.*

sentieren Sie die Hand beispielsweise seitlich neben seinem Kopf. So wird er schnell merken, dass sich jetzt nur der Einsatz der Nase lohnt.

Der Hund leckt an der Hand oder versucht daran zu knabbern

→ In diesem Fall clicken Sie oder geben Ihr Markerwort erst einmal, kurz bevor die Hundenase die Hand berührt. So kommt der Hund nicht dazu, das unerwünschte Verhalten zu zeigen. Tasten Sie sich langsam vor, bis er nur die Nase einsetzt.

Alternativen zum Handtarget

Sie möchten eine längere Strecke mithilfe eines Targets laufen, beispielsweise wenn Ihnen ein anderer Hund entgegenkommt und Sie Ihren eigenen im ersten Schritt auf der hundabgewandten Seite positionieren und im zweiten Schritt mit ihm an dem anderen Hund vorbeigehen wollen. Eine gute Alternative zur Hand wäre ein Post-it. Der Hund sollte im Vorfeld gelernt haben, auch das Post-it zu berühren. Auf dem Spaziergang selbst könnte es beispielsweise an der Hose befestigt werden. Somit können Sie sich als Hundehalter gerade ausrichten und der Hund weiß dennoch, wie er sich positionieren soll. Nach der Übung entfernen Sie das Post-it wieder.

Ein Target trainiert sich wie immer: Zunächst üben Sie die Übung einzeln, dann im spezifischen Kontext.

SITZ – DAS OFT UNTERSCHÄTZTE SIGNAL

Hundehalter lieben es, ihrem Hund »Sitz« beizubringen. Es geht schnell und der Erfolg lässt nicht lange auf sich warten. Haben Sie aber alle Kleinigkeiten bedacht?

Das nützliche Basissignal »Sitz« erleichtert das Leben des Hundehalters enorm. Einem Hund, der sitzen kann, müssen Sie nicht hinterherlaufen, um ihn anzuleinen. Zudem können Situationen entschärft werden, wenn Sie Ihren Hund aus dem Freilauf ins Sitz bringen. Funktioniert dieses Signal zuverlässig, können Sie sich durch ein »Sitz« retten, indem Sie Geschwindigkeit aus einer Notfallsituation nehmen oder in einer brisanten Situation einfach Management betreiben.

Ziel

Ihr Hund setzt sich auf das Hörzeichen »Sitz« zuverlässig immer und überall hin.

Diese Hilfsmittel benötigen Sie:

1. einen motivierten Hund
2. hochwertige Belohnung
3. eine ablenkungsarme Umgebung

Vor dem Training

Erstellen Sie für das »Sitz« ein Feinziel, so wie wir es in Kapitel 2 ausführlich besprochen haben (→ Seite 46 ff.). Eine Möglichkeit wäre:

Was? Der Hund sitzt mit dem Po auf dem Boden, seine Beine sind durchgestreckt, der Rücken ist gerade.
Wann? Stets innerhalb von zwei Sekunden, wenn Sie das Signal »Sitz« geben.
Wo? Überall, wo Sie das Signal geben.
Wie lange? So lange, bis Sie dem Hund ein neues Signal oder Auflösesignal geben.

Praxisanleitung im Grundtraining

- Nehmen Sie ein Leckerchen zwischen Daumen und Mittelfinger und halten Sie es Ihrem Hund vor die Nase. Lassen Sie die Hand langsam nach oben und leicht über seinen Kopf wandern. Dem Leckerchen mit der Nase folgend, wird sich Ihr Hund ganz automatisch hinsetzen. Berührt der Po den Boden, verstärken Sie ihn.
- Wiederholen Sie und schleichen dennoch zügig die Leckerchen als Lockmittel aus, damit Ihr Hund nicht auf die Idee kommt, die Sitzübung funktioniere nur mit Futter vor der Nase. Lassen Sie ihn der leeren Hand

folgen und verstärken Sie den Vierbeiner erst aus der anderen Hand, sobald der Po den Boden berührt.

- Lösen Sie die Übung von Anfang an auf. Es wäre unfair, den Hund später für das Aufstehen zu korrigieren, wenn wir ihm nicht zuvor beigebracht haben, bis zum Auflösesignal sitzen zu bleiben. Zudem weiß er von Beginn an, dass »Sitz« und »Frei« zusammengehören.
- Sie können zuverlässig das Hinsetzen Ihres Hundes erzeugen und verwetten Ihr Monatsgehalt darauf, dass Ihr Hund sich beim Anheben des Zeigefingers hinsetzt? Prima! Dann ist der Zeitpunkt gekommen, das Hörzeichen einführen. Kurz bevor Sie beginnen, den Zeigefinger zu heben, sagen Sie »Sitz«. Sie setzen das neue Signal (»Sitz«) also vor das bereits bekannte Signal (Sichtzeichen Zeigefinger). Bereits nach einigen Wiederholungen reagiert Ihr Hund auf das Hörzeichen »Sitz«.
- Überreichen Sie Ihrem Hund den Verstärker wirklich nur in sitzender Position. Es gibt Kandidaten, die es kaum aushalten und in freudiger Erwartung für ihre großartige Leistung der Belohnung entgegenspringen. Hier würden Sie das Herumgehüpfe weiter fördern, der Hund würde für das Aufspringen mitbelohnt werden.

Praxisanleitung im Aufbautraining

Jetzt fängt der Spaß erst richtig an. Damit Ihr Hund in der Lage ist, ein »Sitz« auf Distanz, trotz jeglicher Ablenkung, aus der Bewegung usw. auszuführen, bedarf es vieler Wiederholungen und einer kontinuierlichen Erhöhung des Schwierigkeitsgrads. Gehen Sie systematisch und nacheinander vor:

- Verlängern Sie zunächst die Zeitspanne zwischen »Sitz« und »Frei«, sodass Ihr Vierbeiner länger sitzen bleiben kann.
- Bauen Sie anschließend die Distanz auf, indem sich Ihr Hund in Abständen von zehn Zentimetern von Ihnen entfernt.
- Später folgen dann die Ablenkungen.

Was schiefgehen könnte

Sie haben fleißig trainiert und trotzdem setzt sich der Hund nicht? Kein Grund zum Verzweifeln. Erforschen Sie die Gründe. Es ist nicht immer so, dass der Hund nicht will, manchmal kann er einfach nicht.

- Kontrollieren Sie, ob die Situation im Augenblick zu schwer ist: nasser Untergrund, Katze in Sicht, Überforderung etc.
- Was zeigt Ihre Körpersprache? Beugen Sie sich vielleicht gerade unbewusst bedrohlich über Ihren Hund?
- Das Signal hat sich abgenutzt? Wenn Sie es zu oft wiederholt haben, hat das Wort keine Bedeutung mehr. Tauschen Sie es gegen ein neues Signal aus und führen Sie dieses ein.
- Setzt Ihr Hund sich (plötzlich) gar nicht oder nur anders als sonst hin? Das könnte ein Hinweis auf Schmerzen sein. Stellen Sie Ihren Hund einem Tierarzt vor.
- Prüfen Sie, ob der Hund gesundheitlich dazu in der Lage ist, das Training umzusetzen. Probleme im Bewegungsapparat sollten hier beispielsweise nicht vorliegen.

CLICK FÜR BLICK

Diese Technik lässt sich sehr leicht in zwei Schritten lernen und wird Ihren Spaziergang wieder ein Stück leichter machen.

Mithilfe von »Click für Blick« können Sie die Ansprechbarkeit Ihres Hundes erhalten und ihn unterstützen, neue Bewältigungsstrategien zu entwickeln. Sie verändern im ersten Schritt die Stimmung des Hundes zum Auslöser (z. B. von aufgeregt zu entspannt) und können im zweiten Schritt ein anderes, erwünschtes Verhalten erzeugen, das Sie verstärken – beispielsweise einen Bogen laufen anstatt vorspringen.

Die Vorteile der Technik

Gern wird »Click für Blick« als Einstiegstechnik für Hunde, die Schwierigkeiten bei Begegnungen mit Artgenossen haben, genutzt. Das Training wird beispielsweise beim BAT-Training (Behavior Adjustment Training) von Grisha Stewart genutzt. Der Hund lernt, einen Artgenossen entspannt anzuschauen, und ist durch die Veränderung seines Gefühls in der Lage, den Blick danach von ihm abzuwenden und sich z. B. an Ihnen zu orientieren. So wird unter anderem ein zu langes Anschauen oder auch ein deutliches Fixieren der Hunde untereinander verhindert, was in den meisten Fällen zu unerwünschten Reaktionen führt, weil sich einer der beiden Vierbeiner bedroht fühlt. Durch die Fähigkeit, den Blick vom Auslöser abzuwenden und sich an Ihnen zu orientieren, ist der Hund ansprechbar und aufnahmebereit für Alternativvorschläge. So lernt Ihr Hund mit Ihrer Hilfe neue Bewältigungsstrategien in für ihn konfliktbehafteten Situationen oder ist sogar in der Lage, selbst welche zu entwickeln.
Sie haben mit »Click für Blick« eine funktionierende Strategie an der Hand, die Ihnen die Möglichkeit gibt, vor dem unerwünschten Verhalten zu reagieren. Gerade in schwierigen Begegnungssituationen reagieren auch wir Menschen oft reflexartig und fühlen uns manchmal hilflos. Durch eine gute Strategie und das Wissen um sie sind wir handlungsfähig und erlangen Sicherheit, die wir auch ausstrahlen.

Für wen ist »Click für Blick« geeignet?
Diese Technik eignet sich für Hunde, die auf bestimmte Auslöser ängstlich, aufgeregt, frustriert oder auch aggressiv reagieren. Das können Lebewesen oder auch Gegenstände sein.

Die Zielvorgabe

Durch »Click für Blick« ändern Sie die Erwartungshaltung Ihres Hundes und legen den Fokus auf erwünschtes Verhalten. Das Zielverhalten dieser Trainingstechnik besteht darin, dass der Hund einen zuvor auslösenden Reiz in Ruhe wahrnehmen kann, seinen Blick dann davon ab- und sich Ihnen zuwendet. Dazu wird zunächst seine Furcht oder sein Frust reduziert und ihm dann ein neues, angemessenes Alternativverhalten angeboten bzw. dieses abgefragt.

Diese Hilfsmittel benötigen Sie:

1. Clicker oder Markerwort
2. hochwertige Leckerchen
3. Halsband bzw. Geschirr
4. Führleine
5. (leichte) Ablenkung

Leckerchen oder Spielzeug?

Wenn Sie mit Futter arbeiten, ist dessen Wahl nicht ganz unwichtig. Zum einen arbeiten wir hier an einem Auslöser, dem wir uns im Verlauf der Trainingseinheiten nähern werden. Wir benötigen qualitativ hochwertige Leckerchen, damit der Hund auch noch gern bereit ist, sich uns und dem Marker zuzuwenden, wenn die Reizintensität höher wird. Sie können sich vorstellen, dass es dem Hund im Normalfall leichter fällt, sich in Erwartung auf ein Stück Fleischwurst umzudrehen als auf ein Stück Knäckebrot. Zum anderen ist auch die Erregungslage des Hundes zu berücksichtigen. Das Futter sollte nicht so hochwertig sein, dass der Hund nicht mehr in der Lage ist, den Blick von Ihnen bzw. dem Futterbeutel abzuwenden.

Die Verwendung von Spielzeug lässt viele Hunde sehr hochfahren, was hier kontraproduktiv wäre. Möchten Sie trotzdem lieber mit Spielzeug arbeiten, entscheiden Sie sich für ein ruhiges Spiel, damit die Erregungslage nicht zu sehr gesteigert wird und der Hund im Trainingsmodus bleiben kann. Achten Sie daher darauf, dass die verwendeten Verstärker an die Situation und Ihren Hund angepasst sind.

Das entspannte Hinschauen zum anderen Hund ist sicherlich schon einen ersten Click wert.

Vorbereitende Übungen

Wie Sie wissen, beginnen wir neue Übungen in möglichst reizarmer Umgebung, damit Sie und Ihr Hund sich gut konzentrieren können. Sie benötigen nun einen Ablenker. In der Praxis hat sich bewährt, dafür nicht gleich die echten Auslöser zu wählen, sondern mit Stellvertreterreizen zu beginnen. Dazu eignen sich Gegenstände, die der Hund interessant findet, oder auch lebensechte Stoffhunde. So können Sie sich zunächst entspannt mit dieser Trainingstechnik vertraut machen, Ihren Hund beobachten und vor allem auf Ihr exaktes Timing achten, ohne auch noch sich bewegende Reize im Auge behalten zu müssen.
Bevor Sie starten, stellen Sie diesen Ablenker unbemerkt von Ihrem Hund in einer sicheren Entfernung auf, in der er noch nicht auf den Reiz reagiert und ganz entspannt bleiben kann. Dieser Abstand ist ganz individuell und von Hund zu Hund verschieden.

Schritt 1 »Schau hin«

- Stellen Sie sich neben oder etwas hinter Ihren Hund.
- Sie verhalten sich ganz ruhig und warten, bis der Hund den Reiz wahrnimmt.
- Genau in dem Moment, in dem Ihr Hund den Auslöser wahrnimmt und zu ihm HINSCHAUT, bestätigen Sie dies jedes Mal mit Ihrem Markerwort bzw. statt / Clicker.
- Nach dem Marker füttern Sie den Hund abgewandt vom Auslöser, also am besten neben oder hinter sich.
- Lassen Sie den Hund dies ein- bis dreimal wiederholen, verlassen Sie dann die Situation, um ihm eine Pause zu gönnen.
- Reagiert Ihr Hund auf den Auslöser oder schafft er es nicht, sich nach dem Marker abzuwenden, bewegen Sie sich weiter vom Auslöser weg und versuchen Sie es erneut.
- Bevor Sie zum nächsten Schritt wechseln, sollten mindestens drei bis fünf erfolgreiche Wiederholungen stattgefunden haben.
- Beenden Sie die Übung spätestens, wenn Sie Stressanzeichen bei Ihrem Hund bemerken (wiederholtes Lecken über die Lippen, Gähnen, Kratzen ...).

Wenn Sie diesen Schritt 1 fleißig trainiert haben, werden Sie bald bemerken, dass Ihr Hund vielleicht schon reagiert, bevor Sie geclickt oder Ihr Markerwort ausgesprochen haben. Er wendet sich nach Wahrnehmen des Reizauslösers in freudiger Erwartung zu Ihnen um, als wolle er sagen: »Hast du nicht etwas vergessen?« Das ist großartig, denn dann hat er verstanden: sich von dem Reiz ab- und Ihnen zuzuwenden ist ein gutes, erwünschtes Verhalten.

Schritt 2 »Schau weg«

- Sie stehen neben oder hinter Ihrem Hund.
- Lassen Sie den Hund den Reiz erneut wahrnehmen.
- Warten Sie eine Sekunde bis fünf Sekunden, bis er selbstständig vom Auslöser wegschaut.
- Genau in dem Moment, in dem er vom Auslöser WEGSCHAUT, bestätigen Sie dies mit Ihrem Markerwort oder dem Clicker.

- Nach dem Markerwort oder dem Click bekommt der Hund das Leckerchen wieder abgewandt vom Auslöser.
- Verringern Sie die Distanz nach drei bis fünf erfolgreichen Wiederholungen.

So geht es weiter

Bei »Click für Blick« wird der Fokus auf das erwünschte Verhalten gelegt; unerwünschtes Verhalten sollte möglichst nicht auftreten. Ihr Hund hat gelernt, anders zu bewerten und sich in angemessenem Abstand mit einem Reiz auseinanderzusetzen. Er darf ihn entspannt anschauen und kann seinen Blick auch lösen, um Alternativverhalten zu zeigen. Sie können kleinschrittig vorgehen und die Situation anspruchsvoller für Ihren Hund werden lassen.

Schafft er es, sich allein innerhalb von fünf Sekunden abzuwenden? Danach entscheiden Sie, ob Sie ihn für ruhiges Anschauen (Schritt 1) markern oder auf eine Umorientierung warten (Schritt 2) und dies markern. Im Zweifelsfall entscheiden Sie sich für das ruhige Anschauen, bevor Ihr Hund auf den Auslöser reagiert. Schafft er es in schwierigen Situationen, sich abzuwenden, belohnen sie ihn großzügig.

»Click für Blick« ist eine anspruchsvolle Trainingstechnik, bei der eine gute Beobachtungsgabe und richtiges Timing sehr wichtig sind. Wie schon einmal erwähnt, bietet sie einen guten Einstieg für mehr Gelassenheit und Sicherheit im Alltag. Es ist nicht das alleinige Werkzeug, das alle Probleme löst. Für Situationen, wie z. B. Hundebegegnungen, sollte im weiteren Verlauf ein für den Hund passendes Alternativverhalten gefunden werden. »Click für Blick« ist eine sehr gute Basis für diesen weiteren Schritt.

ALLTÄGLICHE MISSVERSTÄNDNISSE

DIE SITUATION: *Vielleicht denken Sie beim Lesen, wir würden das Ansehen eines anderen Hundes durch das Markern verstärken. Das tun wir auch. Es geht aber nur um das Ansehen. Ihr Hund bleibt dabei stehen und läuft nicht auf den anderen Reiz zu. Zudem ist er in einer lenkbaren und friedlichen Stimmung.*

WAS SIE DENKEN: *Üben Sie Ihr Timing mit dem Marker, sodass Sie im Vorfeld genau erkennen, was Sie alles verstärken. Konzentrieren Sie sich auf das Belohnungsziel, das Sie sich gesetzt haben. Es ist nicht immer leicht, wenn man eine bestimmte Stimmung markern oder eben nicht markern will. Üben Sie sonst mit Stellvertreterreizen.*

WAS IHR HUND DENKT: *Haben Sie ein gutes Timing, wird Ihr Hund sehr schnell verstehen, was Sie von ihm wollen. Wenn Sie Ihren Vierbeiner dafür markern, dass er den anderen Reiz fixiert, würde er den Reiz künftig schneller fixieren, weil er denkt, dass er das soll.*

Macht das Weglaufen Ihrem Hund Spaß? Keine Sorge, das Herankommen zu Ihnen wird er bald lieben!

DER SICHERE RÜCKRUF

Kommt Ihr Hund zuverlässig zu Ihnen zurück, wenn Sie ihn rufen, so stehen Ihnen alle Tore zur Freiheit auf Ihrem Spaziergang 2.0 offen.

Der sichere Rückruf zählt zu den Königsdisziplinen im Hundetraining. Die Vorteile liegen auf der Hand: Ein Hund, der sich aus jeder Situation zuverlässig abrufen lässt, bedeutet für Sie mehr Sicherheit und Führungsoptionen und gleichzeitig mehr Freiheiten für Ihren Vierbeiner. Wenn sich Ihr Hund verlässlich aus dem Spiel mit Artgenossen abrufen lässt oder bei Sichtung von Wild auf der Stelle kehrtmacht, sobald Sie ihn rufen, können Sie sehr stolz auf sich und Ihren Vierbeiner sein und ihn ruhigen Gewissens in den Freilauf schicken. Legen wir los, sodass Sie bald zu diesen glücklichen Hund-Halter-Teams gehören!

Ziel

Auf Ihr Rückrufsignal kommt Ihr Hund zügig und zuverlässig auf direktem Weg zu Ihnen.

Welches Rückrufsignal ist sinnvoll?

Überlegen Sie sich ein unverwechselbares Signal, das Sie sonst nicht verwenden. Es sollte exklusiv bleiben und nicht durch den regelmäßigen Gebrauch im Alltag abgenutzt werden. Aus diesem Grund ist »Komm« nicht gut geeignet, denn allzu oft hört der Hund: »Komm mit ... Komm mal her ... Komm weiter ... Ach komm, lass sein ...«. Entscheiden Sie sich für ein Wort, das Sie gut rufen können, z. B. ein Signal wie »Back«, »Kiwi« oder »Avanti«. Überlegen Sie, mit welchem Wort Sie sich wohlfühlen, um es über die Ferne zu rufen. Gern können Sie auch eine Pfeife nutzen, der Pfiff für den Rückruf sollte aber immer gleich sein, z. B. zwei kurze Pfiffe.

Diese Hilfsmittel benötigen Sie:

1. einen motivierten Hund
2. hochwertige Leckerchen, Spielzeug
3. ablenkungsarme Umgebung

So gehen Sie im Grundtraining vor

Sichern Sie sich ab, indem Sie den Hund das Signal mit möglichst vielen Sinnen verknüpfen lassen. Wir bringen ihm den wichtigen Rückruf nicht nur als reine Handlung bei, sondern auch als emotionales Bonbon, sodass er automatisch Lust verspürt, zum Halter zu laufen, wenn er nur das Wort schon hört.
Im ersten Schritt verknüpfen wir das Wort mit einem Gefühl. Erst im zweiten Schritt koppeln wir es mit einer Handlung. Sie werden merken, dass es wie ein Booster auf Ihren Hund wirkt!

Schritt 1 – ein Wort mit einem Gefühl positiv verbinden

→ Im ersten Schritt gestalten wir das Wort »Kiwi« attraktiv für ihn. Sagen Sie »Kiwi« und direkt im Anschluss geben Sie ein begehrtes Futterstück oder starten ein tolles Spiel. Der Hund soll dabei in eine positive Stimmung kommen. Wiederholen Sie dies

Hundehalter wünschen sich einen sorgenfreien Spaziergang. Das Gute ist: Jeder kann etwas dafür tun.

Reagiert Ihr Hund nicht auf den Rückruf, so leinen Sie ihn vor dem Spaziergang im Haus an.

mindestens 15-mal pro Tag über mehrere Tage. Zum besseren Verständnis: Bei uns Menschen klappt das auch. Sobald wir an ein Wort erinnert werden, das Aussicht auf Erfolg in uns auslöst, verspüren wir ein gutes Gefühl und Motivation: Currywurst, Schokolade usw. Auch wenn wir diese Dinge gerade nicht zur Verfügung haben, bereitet uns das Wort allein ein Wohlgefühl. Genau das wollen wir beim Hund erreichen und so die Motivation für die spätere Handlung – das Herankommen – schaffen.

- Achtung: Das neue Signal darf noch nicht zum tatsächlichen Abruf benutzt werden. In dieser Trainingsphase geht es nur darum, das neue Signal mit einem guten Gefühl zu verknüpfen. Ihr Hund muss gar nichts dafür tun. Führen Sie diese Übung möglichst an unterschiedlichen Orten durch.

Schritt 2 – eine Handlung im Grundtraining antrainieren

- Ihr Hund befindet sich nur ein paar Schritte von Ihnen entfernt. Sie geben Ihr Rückrufsignal, und wenn Sie vorher fleißig trainiert haben, wird Ihr Hund »angeflogen« kommen. Dafür erhält er sofort eine tolle Belohnung. Ab jetzt erwarten wir immer ein bestimmtes Verhalten von ihm, er bekommt den Verstärker nicht mehr nur für das Wahrnehmen des Signals, sondern jetzt für das Herankommen und Vorsitzen. Sie können das Vorsitzen meist dadurch provozieren, dass Sie Ihren eigenen Körper nach oben und hinten strecken. Läuft Ihr Hund auf Sie zu, setzt er sich oft schon automatisch.
- Wiederholen Sie die Übung mehrfach und lassen Sie die Distanz langsam größer werden. Geben Sie das Signal nur, wenn Sie sicher sind, dass der Hund kommen wird.
- Beenden Sie direkt mit dem bereits bekannten Auflösesignal.

So machen Sie im Aufbautraining weiter

Festigen Sie das Signal, indem Sie es wiederholen und auch die Zeit zwischen Signal und Auflösesignal verlängern. Trainieren Sie an verschiedenen Orten und lassen Sie die Übungen langsam anspruchsvoller werden. Möchten Sie Ihren Hund an Futter oder Artgenossen vorbei abrufen, sollte er keine Möglichkeit bekommen, um sich selbst zu belohnen, wenn er nicht auf

SHORTCUT:

Sie sehen, der Abruf wird später auf Distanz trainiert. Zu Beginn üben Sie ohne Entfernung auf kleinen Strecken. Dies hat zudem den Vorteil, dass Sie auf kleinen Flächen viele Wiederholungen schnell umsetzen können.

den Rückruf reagiert. Sichern Sie Ihren Hund notfalls mit einer Schleppleine am Geschirr ab.

Bauen Sie möglichst oft Rückrufspiele in Ihre Spaziergänge mit ein. Das fleißige Trainieren wird Ihrem Hund viel Spaß machen – er sieht es als Spiel an!

Was schiefgehen könnte

Der Hund kommt nicht zu Ihnen

- Kontrollieren Sie Ihre Körperhaltung. Beugen Sie sich etwa mit dem Oberkörper zu weit nach vorn? Das könnte bedrohlich wirken.
- Rufen Sie Ihren Hund nur, wenn der Spaß ein Ende hat? Rufen Sie ihn öfter mal zu sich und schicken Sie ihn dann wieder los, ohne ihn anzuleinen.
- Laufen Sie dem Hund nicht hinterher, vielleicht hat er entdeckt, dass es ein tolles Spiel ist, »Fang den Hund« mit Ihnen zu spielen.

Üben Sie den Rückruf im Aufbautraining auch, wenn Ihr Hund sich mit anderen Hunden beschäftigt.

Wenn Sie wissen, dass Ihr Hund auf den Rückruf reagiert, wird es für Sie beide leichter.

Mit Anlauf auf Frauchen zu! Freuen Sie sich immer, wenn Ihr Hund zu Ihnen kommt!

Ihr Hund weiß genau, auf welche Schlüsselreize Reaktionen seinerseits lohnenswert sind.

SELBST GEWÄHLTES VERHALTEN VERSTÄRKEN

Nicht immer müssen wir Hundehalter die besten Ideen haben. Schauen wir mal genau hin, so bietet uns unser Vierbeiner jede Menge kreative Einfälle an.

Es lohnt sich immer, den Hund mit in die Übungen einzubeziehen. Die Übungen werden das eine oder andere Mal etwas »hundnäher«, sie fordern ihn kognitiv und wir fördern ein Verhalten, das seiner Natur entspricht. Dies zeigen wir Ihnen am Beispiel des entspannten Anleinens. Stellen Sie sich vor, Sie haben einen Hund, der in freudiger Erwartung auf einen Spaziergang Luftsprünge macht, sobald die Leine in die Hand genommen wird.

Wenn es dem ungeduldigen Vierbeiner zu lange dauert, fordert er Sie durch lautes Gebell auf, sich zu beeilen. In der Hoffnung, dass er ruhiger wird, sobald Sie ein paar Meter gelaufen sind, verlassen Sie mit dem Wirbelwind fluchtartig das Haus. Doch damit wird sich die Startsituation nie ändern, denn der Hund hat etwas von seinem aufgeregten Verhalten: Er wird mit einem Spaziergang belohnt. Warum sollte er also etwas verändern? Sie müssen es tun!
Damit Sie zukünftig Ihre Spaziergänge genießen können und nicht mit einer für Sie und Ihren Hund ungünstigen Stimmung beginnen, sollten Sie ein Training starten und dort ansetzen, wo das unerwünschte Verhalten beginnt.

Ziel

Ihr Hund zeigt ruhiges und abwartendes Verhalten, bis Sie ihn angeleint haben und das Signal zum Loslaufen geben. Dabei erarbeitet er selbst das alternative Verhalten.

Diese Hilfsmittel benötigen Sie:

1. einen motivierten Hund
2. Zeit und eine Leine

Gedanken vor dem Training

Sie sind ein ganz wichtiger Sozialpartner für Ihren Hund. Ihre Gedanken und Ihr Verhalten sind von großer Bedeutung, denn die Stimmungsübertragung zwischen Ihnen und Ihrem Hund ist immer mit dabei. Sie haben auch eine Vorbildfunktion für Ihren Hund. Starten Sie ohne Zeitdruck das Training. Überprüfen Sie Ihre Körperanspannung und nehmen Sie Ihre Atmung wahr. Nur wenn Sie entspannt sind, wird auch Ihr Hund entspannen können.

Praxisanleitung Schritt für Schritt

→ Ihr Hund fängt an herumzuspringen, sobald Sie die Leine ergreifen. Schauen Sie bitte ganz genau hin: Ab wann nehmen Sie eine Veränderung bei Ihrem Hund wahr? Beginnen Sie Ihr Training eventuell an einem anderen Ort. Belohnen Sie Ihren Hund für ruhiges Verhalten, bevor er aufgeregt reagiert.

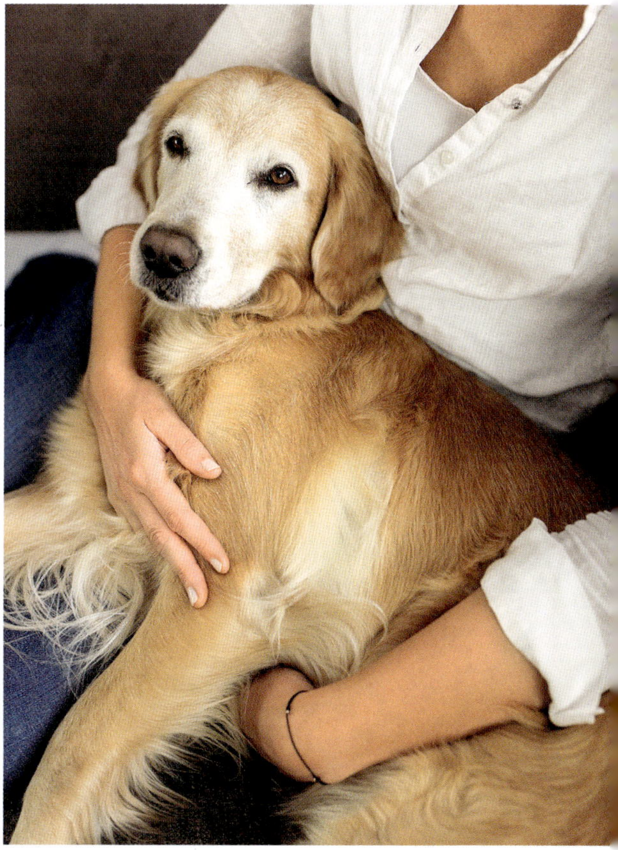

Lassen Sie den Beginn Ihrer Gassirunden entspannt starten, so sinkt auch Ihr Stresspegel.

1. Diese Version ist dem Hund sicherlich die liebste …

2. … doch es gibt mehrere Optionen, von innen nach außen zu kommen.

3. Wählen Sie eine, die Ihnen Freude bereitet.

4. Schafft es Ihr Hund, anderen Reizen geduldig zuzusehen, unterstützt das Ihr großes Ziel, einen entspannten Spaziergang durchzuführen. Markern Sie das.

Lassen Sie ihn nicht erst »hochfahren« und Fehlverhalten zeigen, sondern fokussieren Sie sich auf das erwünschte Verhalten davor. Hat Ihr Hund z. B. noch alle vier Pfoten auf dem Boden oder nimmt er vielleicht Blickkontakt zu Ihnen auf, so sind das lobenswerte Verhaltensweisen.

- Nun nehmen Sie die Leine in die Hand und tun gar nichts. Warten Sie, was Ihr Hund Ihnen für Verhaltensweisen anbietet. Reagieren Sie nicht auf sein aufgeregtes Verhalten und lassen Sie sich vor allem nicht davon anstecken. Strahlen Sie Ruhe und Zuversicht aus! Atmen sie ruhig weiter.
- Jetzt sind Beobachtungsgabe und Timing wichtig. Ihre Aufgabe ist es, erwünschtes Verhalten wahrzunehmen und zu verstärken, bevor Ihr Hund wieder ins Fehlverhalten rutscht. Statt herumzuhüpfen könnte er sich z. B. hinsetzen oder hinlegen. Vielleicht hält er auch kurz inne und atmet einmal tief durch. Er könnte auch einfach nur auf allen Pfoten stehen und leise sein. Vermutlich wird er zwischen verschiedenen Verhaltensweisen hin- und herspringen oder Ihnen »Vorschläge« machen, je nachdem wie kreativ er ist. Zeigt Ihr Hund nur kurz ein Verhalten, das Sie gut finden, sollten Sie dies unbedingt sofort belohnen. In der Hoffnung auf weitere Belohnungen wird er dieses Verhalten immer wieder zeigen. Ein Markerwort bietet sich an, da es sein kann, das der Hund binnen kürzester Zeit viele Verhaltensweisen anbietet. So können Sie punktgenau mitteilen, was spitze war.
- Im nächsten Schritt leinen Sie Ihren Hund an. Fängt er wieder an herumzuspringen, nehmen Sie die Hand wieder zurück. Nur ein ruhiger Hund wird angeleint. Nimmt Ihr Hund sich zurück und entscheidet sich vielleicht dafür, sich hinzusetzen, belohnen Sie dies mit ruhiger Stimme.
- Langsames Verhalten führt zum Erfolg und die Leine wird für Ihren Hund Auslöser, sich entspannt zu verhalten. Und Sie können bald mit viel Ruhe das Haus verlassen.

Was schiefgehen könnte

Ihr Hund ist zu aufgeregt

- Verändern Sie den Kontext: Trainieren Sie woanders, bevor Sie an der Haustür üben. Leinen Sie Ihren Hund an einer anderen Stelle an. Verwenden Sie eine andere Leine.
- Wenn Ihr Vierbeiner sehr aufgeregt ist, sorgen Sie für mehr Entspannung im Alltag und überdenken Sie, ob er auch ausreichend ausgelastet ist.
- Schauen Sie Ihren Vierbeiner nicht direkt an, denn oft hat dieser Blickkontakt einen auffordernden Charakter.
- Kontrollieren Sie, ob Ihre Belohnung den Hund zu sehr hochfahren lässt.

Ihr Hund bietet kein anders Verhalten an

- Kontrollieren Sie Ihr Timing. Belohnen Sie die kleinsten Anzeichen von Entspannung und warten Sie nicht auf ein bestimmtes Verhalten. Wenn Sie zu lange warten, kann dies den Hund frustrieren.
- Verlagern Sie Ihr Gewicht von einem auf das andere Bein. Ihr Hund nimmt das wahr und hält vielleicht kurz inne, was Sie sofort verstärken können.

Durch gute Planung wird Ihr Hund schöne Erfahrungen sammeln können – und wachsen.

NEUES VERHALTEN IN DEN ALLTAG EINFÜHREN

Wenn Sie alles trainiert haben, so muss Ihr neues System auch in den Alltag eingeführt werden. Lassen Sie uns dies gemeinsam gestalten.

Wir wünschen Ihnen, dass Sie Freude daran haben, all die hier beschriebenen Übungen auszuprobieren. Sie werden mit jeder Trainingseinheit mehr Sicherheit erlangen und auch bemerken, wie toll Ihr Hund das macht. Wie weiter oben schon beschrieben, heißt es nun, dass wir die Trainingssituationen in den Alltag transferieren wollen. Das bringt wieder neue Herausforderungen mit sich, doch wenn Sie geübt haben, werden Sie diese meistern.

Unsere hilfreiche Checkliste

Wir listen im Folgenden noch ein paar Punkte auf, die Sie unabhängig von Ihrem Trainingszustand immer wieder abfragen können, sodass Sie das Drumherum mitgestalten können:

- Gehen Sie mit einem Lächeln aus dem Haus und freuen Sie sich auf die Spaziergänge.
- Bevor Sie die Klinke herunterdrücken, sagen Sie zu sich selbst: »Ich freue mich, das wird ein schöner Spaziergang.«
- Setzen Sie das Glücksrad um.
- Behalten Sie stets den Gesundheitszustand Ihres Hundes im Auge.
- Notieren Sie regelmäßig in Ihrem Erfolgstagebuch, zu wie viel Prozent jede einzelne Übung abgeschlossen ist. So bekommen Sie ein Gefühl für das, was Sie können und sich zutrauen. Visualisieren Sie, wie Ihr Erfolg auf der Skala immer deutlicher wird. Durch das Wissen können Sie sich auf dem Spazierweg selbst einschätzen. Diese Einschätzung benötigen Sie, um auf dem Gassigang in einer möglichen Situation, die zu einem Stressor werden könnte, zu entscheiden, ob Sie ihr gewachsen sind und das absolvierte Training soweit abgeschlossen ist, dass Sie dieses nun in Ihrem Alltag umsetzen werden. Alternativ stellen Sie fest, dass Sie sich nicht gewachsen fühlen und/oder Ihr Training noch nicht ausreichend gereift ist (es liegt vielleicht erst bei 60 Prozent von Ihrem vorgenommenen Ziel), um es in den Alltag zu integrieren. Haben Sie im Vorfeld einen Status quo Ihrer Leistungen im Kopf, fällt eine Reaktion im Alltag, die auf dem Spaziergang ja meist »ganz plötzlich« auftaucht, schneller aus. Allein die Tatsache, dass Sie sich (rasch) entscheiden, wird Ihrem Hund mehr Sicherheit geben, als wenn Sie zögern.
- Genießen Sie den Spaziergang auch selbst. Der Weg ist das Ziel und nicht schnellstmöglich und ungesehen wieder zu Hause anzukommen.

Sind Sie der sichere Hafen für Ihren Hund, so können Sie sehen, wie frei er sich fühlt.

Ist der Hund von fremden Personen schnell überfordert, zögern Sie nicht einzugreifen.

Nun ist es aber nicht immer so leicht, das gut geplante Training eins zu eins in den Alltag zu übertragen und zu hoffen, dass es schon laufen wird. Dies ist ein kontinuierlicher Prozess für Sie und Ihren Hund. Training lässt sich in den Alltag immer dann integrieren, wenn alles gut läuft und alle sowieso schon entspannt sind – aber wann ist das schon der Fall? Gerade auf Spaziergängen geschieht es immer wieder, dass »ganz plötzlich« ein anderer Hund auf den eigenen zuläuft oder auch Passanten unschön auf Ihren Hund reagieren. Da ist nichts mit Routine oder Impulskontrolle und auch die Frustrationstoleranz winkt uns aus der Ferne zu.

Was also tun? Wie immer gilt: erst einmal sortieren! Nehmen Sie folgendes Beispiel: Sie laufen im Park mit Ihrem Hund an lockerer Leine den vorgegebenen Weg entlang, als Ihnen ein angeleinter Hund samt Hundehalter entgegenzieht. Sobald Sie den Vierbeiner sichten, sollte nun ein kleiner Check in Ihrem Kopf stattfinden. Weiter oben haben wir beschrieben, dass Sie den Istzustand des Hundes prozentual einschätzen sollten, um nun zu entscheiden:

- Kann mein Hund das?
- Kann ich das?
- Haben wir Spaß daran, die neue Technik auszuprobieren?

Können Sie alle Fragen mit »ja« beantworten, so ist Ihr Weg frei und Sie setzen Ihr Training um. Stellen Sie hingegen fest, dass es noch viel zu früh ist, weil sie alle Fragen mit »nein« beantwortet haben, so greifen die Techniken der Notfallmanagementmaßnahmen, die Sie einsetzen können (vgl. Kapitel 5 ab Seite 154).

Auf das Bauchgefühl hören

Nehmen wir aber an, dass Sie im Training schon weit sind, aber noch nicht ganz fertig. Dennoch sagt Ihnen Ihr Bauchgefühl (ein ganz wichtiger Indikator!), dass Sie den Weg fortsetzen sollten und an dem anderen Hund vorbeigehen werden. Dann beginnen Sie Ihr Training, wie bisher umgesetzt. Achten Sie aber darauf, dass Sie jeden Schritt in Richtung des anderen Hund-Mensch-Teams kontrolliert laufen und Sie sich und Ihren Hund im Griff haben. Kommt der Augenblick, an dem Ihr Bauchgefühl Ihnen bei weiterer Annäherung mitteilt »Oh, ich habe es mir anders überlegt«, so sollten Sie einen Plan für sich und Ihren Hund haben, etwa selbstbewusst umdrehen und die Distanz wieder vergrößern. Für Ihren Hund ist wichtig, dass Sie alles weiterhin in einer guten und ruhigen Stimmung machen.

Gerade in der Übergangszeit kann es sein, dass Sie sich dem Reiz weiter annähern können als einem anderen. Das ist normal. Interpretieren Sie bitte nicht hinein, dass Sie sich schlechter verhalten hätten usw. Tagesformen und Individualdistanzen entscheiden immer wieder mit, wie weit man sich anderen annähern kann.

Wie heißt die Devise, auch wenn man hin und wieder Plan B rauskramt? Weitermachen! Sie und Ihr Hund werden immer besser werden und das Training wird langsam zum Alltag.

Wichtig: Bieten Sie Ihrem Hund Unterstützung an, wenn er sie benötigt. Er muss und soll das nicht alleine durchstehen – und Sie auch nicht. Ihr Hund wird übrigens auch nicht »härter, besser oder stärker«, wenn er immer wieder stressigen Situationen ausgesetzt wird. Immer stärker gezeigtes Aggressionsverhalten bedeutet nicht, dass der Hund stärker ist, meist eher das Gegenteil. Viele Hundetrainerinnen und Hundetrainer warten darauf, Sie mit Rat und Tat unterstützen zu können.

Übergeben Sie nur so viel Verantwortung an Ihren Hund, wie er selbst managen kann – alles andere machen Sie.

DAS DRUMHERUM NICHT VERGESSEN

Bei allem Training sollten Sie stets den Blick für die alltäglichen Dinge behalten.

Um einen entspannten Hund drinnen wie auch draußen bei sich zu haben, lohnt es sich, auf das Drumherum zu schauen, sodass Sie Ihren Hund ganzheitlich unterstützen können.

Genügend Auslastung

Sorgen Sie dafür, dass sich Ihr Vierbeiner täglich auslasten kann. Dabei besteht die Auslastung grundsätzlich aus mehreren Teilen:

- **Körperlich:** Ihr Hund sollte sich bewegen können und durch Tempiwechsel regelmäßig die Möglichkeit zum Freilauf bekommen. Dieser sollte aktiv gestaltet werden, am besten immer nach dem Motto: fordern, aber nicht überfordern. Durch sportliche Aktivität bleibt Ihr Liebling fit und gesund.
- **Kognitiv:** Ihr Hund darf und soll sein Gehirn anstrengen. Binden Sie Ihren Vierbeiner in Ihre alltäglichen Prozesse mit ein. Fördern Sie seine Kreativität und lassen Sie ihn Übungen mitgestalten, wie etwa durch das Markertraining. Kleine Erfolgserlebnisse durch kognitive Leistungssteigerung halten den Hund fit und fördern seine Kreativität. Lernt er durch seine Erfolge, steigert sich auch seine Selbstwirksamkeit, also die Fähigkeit zu erfahren, dass man selbst einwirken und etwas Gutes vollbringen kann. Dass dies das Selbstbewusstsein pimpt, steht außer Frage.
- **Erlernen von Frustration:** Im Leben wird nicht immer schöngeschrieben – das machen auch Hunde untereinander nicht. Zwangsläufig bedeutet dies aber auch, dass der Vierbeiner Frust im Leben ertragen muss. Kann er bereits damit umgehen, umso besser. Wenn er daraus sogar lernen kann und zu späterer Zeit daraus die Impulskontrolle durch den Hund selbst resultiert, so steht einer guten Balance kaum noch etwas im Weg. Sich selbst zurücknehmen zu können, obwohl man gerade etwas anderes will, ist für einen Hund eine große Leistung. Geben Sie ihm die Chance dazu, dass er im Laufe seines Lebens dazu fähig sein darf. Das bedeutet, dass Sie ihm die Balance zwischen Anspannung und Entspannung bieten, um daran zu wachsen.

Kombinieren Sie alle drei Arten der Auslastung. Suchen Sie einem Familienhund, der als Hobby schnelles Laufen bevorzugt, nicht nur schwerpunktmäßig ein Laufspiel aus. Kombinieren Sie lieber, sodass er an allen Fähigkeiten wachsen kann und alle Sinne ausgelastet werden.

Soziale Kontakte

Hunde sind sozial obligat und brauchen soziale Kontakte zu Artgenossen wie auch zu Menschen. Das heißt aber nicht, dass sie mit allen klarkommen müssen. Auch Hunde suchen sich gern ihr Grüppchen und manchmal ist weniger auch mehr! Es geht darum, dass Sie den Kontakt ermöglichen. Wie Ihr Hund das Umfeld gestaltet, überlassen Sie bitte ihm. Wenn er den Dackel von gegenüber nicht mag, so muss er nicht mit ihm spielen, nur weil er vermeintlich soziale Kontakte benötigt. Über diesen Weg wird es kontraproduktiv. Dann lieber verzichten – der richtige Kumpel kommt bestimmt.

Immer wieder Ruhephasen

Ruhen ist wichtig: Ein gesunder Hund schläft und döst täglich 17 bis 22 Stunden. Das ist nicht wenig. Verständlich wird, dass höher, schneller und weiter nicht der richtige Fahrplan für Ihren Liebling ist. In der Ruhe liegt die Kraft. Achten Sie darauf, dass er sich zurückziehen kann – etwa zu Hause nach den Spaziergängen. Planen Sie danach Ruhephasen ein. Natürlich verzeiht Ihnen Ihr Hund, wenn Sie auf der Abendrunde spontan noch Freunde treffen und kurzerhand im Biergarten landen. Er wird sich entweder dort ausruhen, wenn Sie ihn dabei unterstützen, oder aber später zu Hause. Wichtig ist nur zu beachten, dass er zur Ruhe kommen kann.

Gesundheit hat immer Vorfahrt

Stellen Sie Ihren Hund regelmäßig beim Tierarzt vor. Zum einen sollte es ihm immer gut gehen, zum anderen beeinflussen einige Krankheiten sein Verhalten und Wohlbefinden negativ.

Einfach Spaß haben und Quality Time genießen – eine pure Oxytocinaussschüttung für Sie beide!

Trainingsplan

Dieses Kapitel hat es in sich. Sie haben sehr viele Trainingsoptionen an die Hand bekommen, von denen Sie bestimmt von allem etwas gebrauchen können – je nachdem wie Ihr ganz persönlicher Stand mit Ihrem Hund ist.
Daher ist auch klar, dass wir Ihnen die Aufgaben nicht vorgeben und erst recht nicht binnen einer Woche, sondern Sie diese selbst planen und in die nächsten Wochen einfließen lassen.

Aufgaben aus Kapitel 3:

1. Machen Sie eine Bestandsaufnahme, indem Sie das Kapitel Revue passieren lassen. Entscheiden Sie, welche Signale Ihr Hund gut umsetzen kann und welche nicht.
2. Welche Signale sind nötig und welche wollen Sie mit Ihrem Hund erreichen oder perfektionieren? Erstellen Sie eine Liste.
3. Bei welchen ist er im Grundtraining und bei welchen im Aufbautraining?
4. Welche Tipps zum Thema Lernen werden Sie zukünftig übernehmen?
5. Wenn Sie Ihren Hund auf dem Spaziergang beobachten, erkennen Sie, wann die ablenkenden Reize zu spannend für ihn sind?
6. Nehmen Sie sich für jedes Signal vier bis sechs Wochen Zeit, bis Sie es erreicht haben.
7. Starten Sie mit zwei Signalen und tragen Sie kleine Trainingseinheiten von maximal fünf Minuten pro Signal in den Wochenplan ein. Schaffen Sie pro Signal fünf Trainingseinheiten pro Woche, ist das wunderbar. Sind es weniger – auch nicht schlimm.

Montag

Meine Motivation:

1	2	3	4	5	6	7	8	9	10

Morgens:

Mittags:

nachmittags:

abends:

Dienstag

Meine Motivation:

1	2	3	4	5	6	7	8	9	10

Morgens:

Mittags:

nachmittags:

abends:

Mittwoch

Meine Motivation:

1	2	3	4	5	6	7	8	9	10

Morgens:

Mittags:

nachmittags:

abends:

Donnerstag

Meine Motivation:

1	2	3	4	5	6	7	8	9	10

Morgens:

Mittags:

nachmittags:

abends:

Freitag

Meine Motivation:

1	2	3	4	5	6	7	8	9	10

Morgens:

Mittags:

nachmittags:

abends:

Samstag

Meine Motivation:

1	2	3	4	5	6	7	8	9	10

Morgens:

Mittags:

nachmittags:

abends:

Sonntag

Meine Motivation:

1	2	3	4	5	6	7	8	9	10

Morgens:

Mittags:

nachmittags:

abends:

Feinschliff für das Teambuilding

Haben Sie bis hierhin fleißig trainiert, so gehen wir nun in den Feinschliff über. Bald schließt sich erfolgreich der Kreis, sodass Sie sich sicher auf allen Wegen fühlen. In Kapitel 4 haben wir die klassischen Themen, die Ihnen auf dem Spaziergang begegnen können, in kleine Tipps zusammengefasst. So können Sie Ihre Gassirunden mithilfe des Rundum-sorglos-Pakets genießen.

LEINENREAKTIVITÄT – LOOPINGS AN DER LEINE

Für viele Hundehalter stellt es einen Kraftakt dar, wenn der Hund an der Leine pöbelt. Schaffen Sie wirkungsvolle Abhilfe.

Viele Hundehalter fragen sich, wie sie sich richtig verhalten können, wenn Ihr Hund an der Leine zieht und Aggressionsverhalten an den Tag legt. Wir zeigen Ihnen einen Überblick auf, sodass Sie einige Dinge unverzüglich im Handling umstellen können, um die Situation möglichst rasch zu verbessern.

Vor dem Spaziergang

Achten Sie auf einen ruhigen Start. Das beinhaltet, dass Sie alle Handlungen mit dem Hund, wie etwa die Aufforderung zum Spaziergang und das Anleinen, ganz in Ruhe absolvieren. Es reicht aber nicht, dass die Handlung selbst ruhig ausgeführt wird, sondern Sie selbst sollten auch entspannt und positiv gestimmt sein. Das ist nur möglich, wenn man weiß, dass es funktionieren wird. Denken Sie an die Stimmungsübertragung!

Es kann sein, dass Sie derzeit noch nicht an diesem Punkt sind. Doch er wird kommen, wenn Sie das Training aus diesem Buch systematisch umsetzen werden. Sie lernen an Ihrem eigenen Erfolg. Sollten Sie Fragen haben, stehen wir Autoren gern zur Verfügung. Auch lohnt sich die Investition in einen guten Hundetrainer vor Ort, der Sie begleiten kann – entweder regelmäßig oder sporadisch als Coach, wenn einmal eine Frage auftauchen sollte.

Machen Sie den Selbstcheck vor jedem Spaziergang:

- → Wie sind meine Gedanken?
- → Wie fühlt sich die Spannung in meinen Schultern an?
- → Wie ist meine Atmung?

Sie werden im fortgeschrittenen Trainingsmodus erfahren, dass diese Technik wichtig ist, um den Hund zu lenken. Das gibt Ihnen den Beweis, dass es geht. Sie werden aber noch zusätzlich lernen, dass die Technik Mittel zum Zweck ist. Wenn Sie wissen, dass SIE es können, benötigen Sie kaum noch Technik. Ihre Führung und Ihre positiven Gedanken reichen dann völlig aus. Vielleicht klingt das derzeit für Sie noch ein wenig unglaubwürdig. Doch wir können an dieser Stelle nur bekräftigen: Vertrauen Sie uns und geben Sie nicht auf, erst recht nicht bei einer vorliegenden Leinenaggression. Halten Sie durch. Fällt Ihnen das sehr schwer, so führen Sie unbedingt Ihr Erfolgstagebuch weiter, indem Sie alle Erfolge festhalten und sich diese immer wieder ansehen. Dies beschleunigt den Umstellungsprozess, da Ihre Selbstwirksamkeit gefördert wird.

Lassen Sie Ihren »Scannerblick« daheim und suchen Sie keine Katastrophen

Viele Hundehalter gehen so aus dem Haus, dass sie selbst erst einmal den Kopf aus der Tür stecken und schauen, ob nicht noch ein Hund in der Nähe ist, der unter Umständen für Ärger sorgen könnte. Sprich, der erste Schritt in die Öffentlichkeit beginnt mit einem mulmigen Gefühl. Ihr Vierbeiner bekommt diesen Übergang natürlich mit und schärft entsprechend seine Sinne. Sie und Ihr Hund sind somit auf der Suche nach dem Ungewissen – und siehe da, meist kommt es auch schon angeflogen ...

Auf dem Spaziergang selbst

Legen Sie den Scannerblick beiseite – ja, wir wissen, das ist leichter gesagt als getan. Sehen Sie alle ungewünschten Begegnungen erst einmal als Herausforderung an, die Sie meistern dürfen. Sie müssen nicht von Anfang an perfekt sein. Es heißt immer so schön, dass das Schicksal einem nur das »bereitstellt«, was man selbst auch bewerkstelligen kann. Da ist viel Wahres daran. Betrachten Sie dies als Chance – als Ihren Auftakt zur Verbesserung.

Blättern Sie durch Kapitel 3 und suchen Sie sich die passenden Übungen für genau Ihren Hund mit dem Problem des Leinepöbelns. Hilfreiche Trainingstechniken sind auf jeden Fall die Leinenführigkeit, Click für Blick, Orientierung am Halter, Umsetzung des Glücksrads und das Erkennen des Bedürfnisses von Ihrem Hund.

Jede Begegnung, in der Ihr Vierbeiner in Stress gerät und pöbelt, ist individuell zu bewerten. Er muss nicht immer aus ein und demselben Grund Aggressionen bzw. Reaktivität an der Leine zeigen, sondern er zeigt damit auch unterschiedliche Motivationen und Intensitäten.

Manchmal muss erst der Leidensdruck steigen, bevor man aktiv wird – fangen Sie lieber früh genug an.

Nicht selten treffen sich Teams auf dem Spaziergang mit unterschiedlichen Vorkenntnissen und Wünschen.

Vermutlich werden Sie mit leichteren Intensitäten schneller zurechtkommen als mit schwereren – das ist ganz normal. Aus dem Grund vergleichen Sie die Situationen nicht miteinander, die Ihnen pro Spaziergang begegnen, sondern bewerten Sie sie einzeln.

Sie sind nur für sich und Ihren Hund verantwortlich!

Gelingen Situationen nicht immer, so kommt schnell Unmut auf und man begibt sich auf Fehlersuche – bei seinem Gegenüber. Schnell sieht man, was der andere hätte besser machen können, sodass es möglicherweise gar nicht erst eskaliert wäre. Bleiben Sie bei sich. Sie können immer nur Verantwortung für sich und Ihren Hund übernehmen. Das bedeutet, dass Sie jede Menge tun können, um zukünftige Situationen selbst zu deeskalieren. Es hat keinen Zweck, sich über andere aufzuregen. Die Zeit investieren Sie lieber in sich und Ihren Hund. Ihr Team profitiert davon. Andere Menschen sind für ihre Vierbeiner verantwortlich und können nur das zeigen, was sie bisher an Erfahrungen machen durften. Grämen Sie sich also nicht. Es geht nicht darum, Recht zu haben, sondern vielmehr darum, Ihr eigenes Team sicher durch Begegnungen zu führen. Streit, Konfrontation, Vorwürfe – all dies lässt Sie und Ihren Hund nervös werden. Machen Sie es besser, setzen Sie ein, was Sie bisher lernen durften!

Selbstcheck: Achte ich nur auf mich?

Impulskontrolle

Wir Hundehalter wünschen uns natürlich, dass unser Vierbeiner eine solide Impulskontrolle zeigen kann. Damit ist gemeint, dass sich der Hund in brenzligen Situationen eigenständig zurücknimmt, die Situation in Ruhe vorübergehen lässt und seine Stimmung in den Bereich der »neutralen Zone« zurückfährt. Stresshormone werden nicht oder nur geringfügig ausgeschüttet und der Hund »erkennt«, dass es klüger ist, sich zurückzunehmen.

Vielleicht können Sie das jetzt kaum glauben, aber doch, es kann gelingen und ist ein wunderbares wie auch biologisch gesundes und sinnvolles Ziel. Dennoch ist das Gelingen von verschiedenen Faktoren abhängig.

Zum einen benötigt der Hund dazu einen ausgereifte(re)n Neokortex. Das ist der Teil des Gehirns, der uns rational und strategisch handeln lässt. Dieser Teil entwickelt sich beim Hund ab der ersten Pubertät (zwischen dem sechsten und neunten Lebensmonat) bis hin zum 25. Lebensmonat besonders intensiv. Sie werden in dieser Phase feststellen, dass Ihr Hund eine gewisse »Reife« erreicht. Das ist das Ergebnis des vermehrten Einsatzes des Neokortex.

Bei uns Menschen kann der Reifegrad zwischen dem 25. und 30. Lebensjahr liegen – je nach Erfahrung usw. Für einen Hund bedeutet das, dass er als Welpe und Junghund (sowie teilweise auch während der Reifephase) noch nicht so souverän auf Reize reagieren kann wie ein ausgewachsener Hund, einfach weil der Neokortex noch im Baustellenmodus ist. Sie können dennoch zwei Dinge tun, um ihn gut auf das Leben und Begegnungen an der Leine vorzubereiten:

→ **Trainieren Sie die Frustrationstoleranz und den Belohnungsaufschub**
Bekommt Ihr Hund mit, dass das Leben nicht immer einem Ponyhof gleicht, so fällt ihm später das Erlernen von Impulskontrolle viel leichter. Was die Frustrationstoleranz anbelangt, so bedeutet dies, dass Sie einen Wunsch Ihres Vierbeiners gerade mal nicht berücksichtigen. Sie gehen spazieren,

Oft zeigt der Start schon, wie der Spaziergang wird. Gestalten Sie die Spaziergänge gemeinsam.

1. Auch das Markieren hinterlässt Spuren der Kommunikation, die individuell zu deuten sind.

2. Hat der Hund zu viel Kraft, hilft es, ihn kurz festzubinden, bis ein anderer Reiz vorbeigelaufen ist.

3. Gemeinsames Spiel senkt die Stresshormone. Es muss aber ein Spiel für beide sein.

4. Ihr Hund entscheidet selbst, welche Reize er attraktiv findet. Üben Sie diese einzeln und in Ruhe mit ihm.

er möchte an einer Pipipfütze einer läufigen Hündin schnuppern. Stattdessen sagen Sie »Weiter« und verweilen nicht an der Pfütze. Ihr Vierbeiner wird leicht frustriert sein, sich aber an die Alternative gewöhnen. Eine leichte Ausschüttung von Stresshormonen fördert das Erlernen dieser Akzeptanz, dass er nicht alles haben kann, was er möchte. Dies sind alles gute Vorübungen dafür, dass Ihr Hund sich auch bei starken Reizen zurücknehmen kann, etwa wenn ein Artgenosse des Weges kommt und Sie keinen Kontakt zulassen möchten.

Den Belohnungsaufschub kennen Sie vielleicht aus der Hundeschule. Ihr vierbeiniger Freund soll eine Übung länger als gewöhnlich umsetzen, bevor diese beendet wird. Oder aber Sie unterbrechen das Spiel mit dem Hund und verweilen einen Augenblick. Durch das Spiel selbst wird unter anderem Dopamin ausgeschüttet, das Unterbrechen hingegen führt zu Stresshormonen. Warten Sie einen Augenblick, sodass Ihr Hund mit Ruhe reagiert, und spielen Sie danach weiter. So lernt Ihr Vierbeiner, dass sich Abwarten auszahlt und eine Belohnung später noch folgen kann.

Das sind beides wichtige Dinge, die ein Hund lernen sollte. Durch die Wiederholungen stärkt das Nervensystem genau diese Lernerfahrung. Je stärker die Verbindung ist, umso größer ist die Chance, dass das Gehirn diese Vorgänge als wichtig einstuft. Alles, was wichtig ist, bleibt im Gehirn – auch während der Pubertät. Somit unterstützt ein Training von Beginn an, dass Ihr Hund lernt, sich langfristig zurückzunehmen.

UNSER TIPP: *Geben Sie Ihrem Hund ausreichend Zeit zu reifen. Er benötigt gut zwei bis drei Jahre dazu. Helfen Sie ihm dabei, etwa durch Geduld, Liebe und Klarheit. Anhand Ihrer Konsequenz kann er ableiten, was Sie sich wünschen.*

→ **Flucht ist besser als Konfrontation**

Kommen sie in brenzlige Situationen, sind einige Hundehalter davon überzeugt, dass der Hund »da durch muss«, um sich daran zu gewöhnen. Das klappt nur leider nicht so leicht. Eine tatsächliche Gewöhnung wäre eine Gewöhnung an eine Bedeutungslosigkeit. Jedoch wird ein Erzfeind nie bedeutungslos! Sie unterstützen Ihren Hund stattdessen am besten, indem Sie mit Plan und Köpfchen Situationen meistern und nicht dadurch, dass Sie Ihren vierbeinigen Liebling einfach ohne jeglichen Plan machen lassen. Das schadet nicht nur ihm, sondern letztlich auch Ihnen.

Sind Sie im Training noch nicht so weit fortgeschritten, dass die neuen Techniken in den Alltag einfließen können, ist eine Umgehung der Situation ratsam. So vermeiden Sie es, weitere kritische Begegnungen auszulösen, die dem Hund nur zeigen, dass Aggression das einzig hilfreiche Mittel ist, und Sie als Halter womöglich darin bestätigen, dass das Training nicht funktioniert. Flucht ist somit nicht feige, sondern ein wichtiger Schritt, um Ihren Hund weiter aufzubauen und Ihr Team zu schützen.

Folgt Ihr Hund dem Jagdverhalten, fällt das Halten im wahrsten Sinne des Wortes oft schwer.

JAGDVERHALTEN

Ist Ihr Hund gern mal auf und davon? Erkennen Sie frühzeitig, wo Sie ansetzen können.

In jedem Hund steckt ein kleiner oder auch großer Jäger aus Leidenschaft. Die Natur bringt es mit sich. Während einige Hunde nur die Geschwindigkeit von Wild im Vorbeilaufen bewundern, ist für andere bereits die Aufnahme einer möglichen Spur das Zeichen zum Aufmarsch. Sie als Hundehalter wissen, dass es dann nicht zu einem unkontrolliertem Jagdverhalten kommen sollte, denn andere Lebewesen, oder ganz allgemein Flora und Fauna, gilt es, vor den jagenden Hunden zu schützen.

Um Ihre Spaziergänge zu erleichtern und gleichzeitig Ihrem Vierbeiner den nötigen Freilauf bieten zu können, sollten Sie mit dem Hund den sicheren Abruf trainieren und immer wieder mit ihm auf dem Spaziergang im

Dialog bleiben. Er sollte stets Interesse daran haben, mit Ihnen zusammenzuarbeiten. Markern Sie, dass er sich an Ihnen orientiert, und trainieren Sie an der Schleppleine mit ihm. Geben Sie einem Jagdhund keine Norm der Entfernung, die er laufen darf, sondern variieren Sie den Radius immer wieder. So kann er sich gar nicht erst merken, dass Sie ihn zwar bis auf 5,50 Meter Abstand lenken können, alles darüber hinaus jedoch fern Ihrer Führungsqualitäten liegt. Das wird er andernfalls aber schnell wissen und sich bald verabschieden. Einen Hund mit Jagdambition lassen Sie bitte immer dann angeleint, wenn Sie nicht davon überzeugt sind, dass er zu Ihnen zurückkommt. Gehen Sie lieber auf Nummer sicher – zu 100 Prozent!

Übrigens zeigen viele Hunde schon Jagdverhalten, wenn sie bewegliche Reize nur leicht fixieren. Es findet also auch an der Leine statt. Doch das wird oft übersehen und der Hund wird trotz dieses Verhaltens abgeleint. Achten Sie also darauf, dass Sie Ihren Vierbeiner nicht seinem Schicksal überlassen, sondern laden Sie ihn frühzeitig – also noch vor dem Fixieren – dazu ein, alternativ etwas anderes zu machen.

Besser viel Auslastung für den kleinen Jäger

Beschäftigen Sie Ihren Hund zusätzlich. Eine wunderbare Auslastung für einen Jagdhund sind die Fährten- und/oder die Personensuche mit dem Hundehalter. Sie gehen also gemeinsam mit Ihrem vierbeinigen Freund auf eine »kontrollierte Jagd«! Nutzen Sie seine Fähigkeit der guten Nase für sein Hobby und Sie werden merken, wie zufrieden und ausgelastet Ihr Hund sein wird. Das erkennen Sie daran, dass der Spaziergang mit ihm sichtbar entspannter verläuft und Ihr Hund nicht dauernd auf der Suche ist. Stattdessen können Sie beide sich aktiv miteinander beschäftigen, sogar Ruhepausen in den Gassigang einstreuen und diese in vollen Zügen genießen. Sie werden merken, dass sich dieser Aufwand lohnen und sich Ihr Miteinander verbessern wird.

Ihr Hund riecht seine Umgebung förmlich in 3D. Somit verwundert es nicht, dass er einiges eher realisiert als Sie.

Gleich mehrere Hunde zu halten macht erst Spaß, wenn Sie Ihre Vierbeiner locker führen können.

MEHRHUNDEHALTUNG

Es ist mittlerweile fast schon die Norm, dass ein Hund nicht lange allein bleibt, sondern einen vierbeinigen Kumpel bekommt.

Der Trend geht zum Zweithund (... oder sogar zu noch mehr Hunden). Vielleicht stellen Sie sich als Hundehalter nun die Frage, wie Sie am besten vorgehen, wenn Sie mehrere Vierbeiner halten. Es spielt keine Rolle, ob sich die Hunde während des Gassigangs an der Leine oder im Freilauf befinden, oder ob einer angeleint und ein anderer unangeleint ist. Sie sollten alle Hunde gleichermaßen gut lenken können. Manche Mehrhundehalter berichten, dass es mit einem Hund meist kein Problem gibt, mit zwei Vierbeinern aber schon. Denn die Hunde reagieren nicht – obwohl die Technik gut klappt, wenn sie nur einen Hund führen.

Hier passiert folgendes Phänomen: Ihre vierbeinigen Freunde genießen Ihre hundertprozentige Aufmerksamkeit, wenn Sie jeweils mit einem Hund spazierengehen. Sie sind mit all Ihren guten Gedanken ganz bei ihm. Doch kommt nun sein Kumpel mit, so gibt es (nur) die geteilte Aufmerksamkeit. Ihr Hund wird bald herausfinden, wann Sie konsequent sind und wann nicht. Schnell lernt er, auf Sie zu hören, wenn er allein mit Ihnen unterwegs ist, doch in der Gruppe funktioniert das nicht, weil auch Sie ein anderes Verhalten zeigen und nicht absolut konsequent sind.

Was also tun?

Wir empfehlen Ihnen die folgende generelle Strategie, wie Sie am besten vorgehen:

- Trainieren Sie zunächst mit jedem Hund einzeln, bis Technik, Aufmerksamkeit, Gefühle usw. richtig sitzen.
- Bauen Sie im Anschluss kleine und kurze Sequenzen in der Gruppe ein. Fokussieren Sie sich zu Beginn auf nur einen Hund. Erinnern Sie sich an den Abschnitt der Leinenführigkeit, wo Sie Ihrem Liebling durch unterschiedliches Equipment beigebracht haben, was ein Arbeits- und ein Freizeitmodus ist (→ Seite 92)? Genau diesen kleinen Trick holen Sie wieder aus der Kiste. Signalisieren Sie, während Sie mit der Gruppe unterwegs sind, welcher der Vierbeiner gerade im Arbeitsmodus ist. So beginnen Sie, in die Gruppendynamik einzugreifen und die Hunde erfolgreich zu lenken. Oft »unterhalten« diese sich sonst gern ohne Sie und machen ihr Ding – aber eben nicht IHR Ding.
- Wechseln Sie die Hunde durch, sodass alle einmal an der Reihe sind. So lernen die Hunde systematisch, dass Sie sich einmischen und Sie lenken können, auch wenn ablenkende Reize vorhanden sind.

Lassen Sie aus dem Training Alltag werden, indem Sie zwei Hunde im Arbeitsmodus führen. Später verlängern Sie die Zeit und steigern die Ablenkung.

Üben Sie zunächst mit jedem Hund einzeln. Erst wenn das perfekt sitzt, nehmen Sie Ihren zweiten Hund dazu.

DER HUND IM FREILAUF

Auch für den Freilauf gilt es, ein paar Grundregeln zu beachten, sodass sich auch ohne Leine Hund und Mensch pudelwohl fühlen können.

Freilauf steht für uns Hundehalter immer ganz weit oben auf der Liste der »Must-haves«. Das beginnt schon früh: Immer wenn wir darüber nachdenken, warum wir einen Hund wollen, sehen wir das Bild vor unserem geistigen Auge, wie wir mit unserem Vierbeiner glücklich über die Wiese tollen. Schön, wenn das gelingt, Sie dabei ein gutes Gefühl haben und alle Situationen lenken können. Damit das aber auch klappt, trainieren Sie den sicheren Rückruf. Diesen sollte Ihr vierbeiniger Freund beherrschen, denn immerhin ist er Ihre Rückversicherung für den Freilauf. Gelingt er, können Sie den Hund zu 99 Prozent lenken.

Freilauf mit oder ohne Halsband bzw. Geschirr?

Viel wird darüber philosophiert, ob der Hund beim Freilauf mit oder ohne Halsband oder Geschirr laufen soll. Die Meinungen gehen auseinander und alle Ansichten haben Ihre Berechtigung. Lassen Sie Ihren Hund durch viel Gestrüpp streifen, so ist er ohne Halsband oder Geschirr weniger verletzungsgefährdet. Haben Sie jedoch einen unsicheren Hund oder einen, der keine direkten Berührungen mag, so kann das Geschirr eine gute Option sein, den Vierbeiner daran festzuhalten. Läuft der Hund in einem abgesicherten Bereich frei und der Rückruf funktioniert gut, so können Sie Halsband und Co. beiseitelegen.

Mein Hund liebt es, andere Menschen zu begrüßen

Wer kennt das nicht? Der Hund peilt andere Menschen, einen Kinderwagen usw. an und springt sie mit Begeisterung an. Der Halter eilt noch schnell hin und oft ist man vom Hund selbst überrascht, da er so etwas ja noch gar nie, naja, also fast noch gar nie, gemacht hat. Viele bringen den Hund anschließend ins Sitz und verstärken ihn in diesem Augenblick.
Doch was lernt ein schlauer Hund? »Prima. Wenn mir gerade langweilig ist oder ich Lust darauf habe, suche ich mir jemanden zum Anspringen. Das allein macht schon Spaß. Anschließend aber kommt mein Lieblingsmensch, schenkt mir seine ganze Aufmerksamkeit und bittet mich ins Sitz. Daraufhin erhalte ich sogar

noch einen leckeren Keks. Merke: anspringen – hinsetzen – Keks! Da ich ansonsten keine Bestätigung auf dem Spaziergang bekomme, hole ich sie mir einfach über diesen Trick!«
Ergo: Das Verhalten verstärken wir darüber, indem wir eine ungewünschte Handlungskette aufbauen. Besser ist es, dass Sie das »Sitz« bereits einfordern, wenn Sie sehen, dass Ihr Hund zum Sprint ansetzen könnte, um andere anzuspringen. In diesem Fall wird er für ein gewünschtes Verhalten bestätigt und es kommt gar nicht erst zum Anspringen.
Das Sitz auf Distanz haben Sie in Kapitel 3 bereits kennengelernt (→ Seite 106 f.). Auch das regelmäßige Loben des Hundes, wenn er mit vier Pfoten sicher auf dem Boden steht bzw. bleibt, unterstützt Ihr Vorhaben, dass es ein besseres Verhalten als das Anspringen gibt.
Hunde springen häufig Leute an, allein schon deshalb, weil die Antwort durch Passanten immer eine andere ist. Hier greift der »Spielautomateneffekt«. Es wäre langweilig, wenn der Hund schon im Vorfeld sicher wüsste, wie sein Gegenüber auf Anspringen reagieren würde. Dann würde er das Verhalten auch nicht stetig zeigen. Doch die verschiedenen Reaktionen – meist positive, wie streicheln, freuen, spielen, Gabe von Leckerchen – lassen es den Hund immer wieder versuchen. Stimmt die Statistik zu seinen Gunsten, wird er das selbstbelohnende Verhalten mehrfach wiederholen.

Ab wann beginnt der Freilauf?

Der Freilauf beginnt nicht, wenn Sie den Karabiner lösen, sondern wenn Sie das Auflösesignal geben. Viele Hunde sehen das Lösen vom Karabiner als Zeichen zum Aufmarsch und stürmen einfach los. Schließen Sie einen eleganteren Pakt mit Ihrem Hund: Er sollte auf Ihr Signal warten und bewusst von Ihnen in den Freilauf geschickt werden. Bringen Sie Ihren Vierbeiner ins »Sitz«. Hocken Sie sich zur Entschleunigung neben ihn. Atmen Sie tief durch, streicheln Sie den Hund und warten Sie nach dem Lösen des Karabiners ein paar Sekunden,

Üben Sie den Freilauf erst in Ihrer Nähe und prüfen, ob Sie Ihren Hund auch ohne Leine lenken können.

Merken Sie, dass Ihr Hund nicht ansprechbar ist, lassen Sie ihn besser an der Leine.

nämlich so lange, bis sich Ihr Liebling kurz auf Sie konzentriert und ruhig erscheint. Dann geben Sie ihn mit Ihrem Auflösewort frei. So können Sie die Lage peilen und auch sehen, dass ein möglicher Spielpartner gleichzeitig abgeleint und sich ein Hund nicht einfach vor Freude auf den anderen stürzen kann.

Respekt gegenüber allen

Ein Freilauf gelingt, wenn alle glücklich sind. Auf Ihren Spaziergängen mit Ihrem vierbeinigen Liebling treffen Sie auf viele Persönlichkeiten, sowohl auf zwei Beinen als auch auf vier Pfoten. Begegnen Sie allen mit einer freundlichen Portion Respekt und halten Sie sich an ein paar grundsätzliche Regeln:

- Achten Sie unbedingt auf den Umgang mit anderen Menschen und Hunden, die Ihnen oder Ihrem Vierbeiner gegenüber nicht so glücklich gestimmt sind. Kommen Ihnen Passanten entgegen, so rufen Sie Ihren Hund ab. Es gibt viele Menschen, die Furcht vor Hunden haben oder diese einfach nicht mögen. Da hilft es auch nicht, das Argument vorzubringen, der Hund sei doch ganz lieb, das so häufig eingesetzt wird, nur weil der Abruf nicht gelingt …
- Kothaufen werden von Ihnen als Hundehalter aufgehoben. Immer und überall!
- Streicheln Sie ungefragt keine anderen Hunde und füttern Sie diese auch nicht. Klären Sie im Vorfeld mit dem Hundehalter, ob es gewünscht ist. Zum einen können gesundheitliche Probleme vorliegen, wie Schmerzen im Bewegungsapparat, die den Hund in eine Abwehrposition bringen könnten. Allergien, Futtermittelunverträglichkeiten usw. halten leider immer mehr Einzug, auch bei unseren Hunden. Durch die Gabe eines gut gemeinten Leckerchens kann ein erkrankter Hund mit Durchfall und Erbrechen reagieren.
- Schützen Sie Ihren Hund vor ungewollten Streicheleinheiten und essbaren Zuwendungen, sodass er nicht anfängt, zukünftig auf Betteltour zu gehen.

Mein Hund ist angeleint und ein frei laufender Hund kommt auf uns zu …

Das ist sicherlich der Klassiker, der viele Hundehalter verärgert. Diese Situation regt uns auf, weil sie Unsicherheit mit sich bringt. Richtiges Verhalten ist schwer zu trainieren, da es meist

spontan passiert und der andere Hund nicht kontrollierbar erscheint.
Leider gibt es kein Patentrezept. Es bleibt dabei, sich auf das eigene Team zu fokussieren. Sie werden keinen Zugriff auf das andere Team haben und wenn, verliert man meist die Kontrolle über sein eigenes Team. Sie können nur Schaden begrenzen, und sobald die Situation unter Kontrolle zu sein scheint, können Sie Gelerntes umsetzen, um den Hund aus dem Kontext zu bringen. Das Notfallprogramm sieht so aus, dass Sie sich schützend vor Ihren Hund stellen, ruhig bleiben und Ihren Körper gerade aufrichten. Ihre Leine halten Sie kurz und bringen den Hund hinter sich ins »Sitz«, bis Sie das Signal wieder auflösen. Bedrohen Sie den anderen Hund nicht, sondern versuchen Sie ihn durch eine aufrechte Körpersprache auf Abstand zu

IST FREILAUF ERLAUBT?

Bevor Sie die Leine lösen, prüfen Sie, ob in dem Gebiet, in dem Sie Ihren Hund laufen lassen wollen, der Freilauf auch wirklich erlaubt ist. Das ist nicht immer der Fall und umgekehrt gibt es Sondergenehmigungen, die dies an manchen Stellen wiederum zulassen. Es gibt Richtlinien der Gemeinde, die Ihnen mitteilen, ob der Hund laufen darf. Beachten Sie diese, sodass es kein böses Erwachen gibt. Halten Sie sich auch an jahreszeitliche Regeln, die etwa zur Brut- und Setzzeit greifen und die abhängig von den jeweiligen Bundesländern sind.

Anspringen passiert in vielen Situationen. Oft zeigt es der Hund auch aus Stress heraus.

Auch während des Freilaufs sollten von Zeit zu Zeit Entspannungsphasen eingebaut werden.

Beobachten Sie Ihren Hund immer wieder beim Spielverhalten. So lernen Sie viel über ihn.

halten. Bitten Sie den Hundehalter höflich, aber bestimmt, seinen Vierbeiner anzuleinen und weiterzugehen.

Weitergehen …

Apropos weitergehen. Oft sehen wir schon früh, wenn sich ein Problem, etwa durch das Entgegenkommen eines anderen Hundes, anbahnen könnte. Eine ungünstige Eigenschaft von uns ist, dass wir es uns genau ansehen wollen, den Körper darauf ausrichten und oftmals einfach kurz davor stehen bleiben. Bitte machen Sie das nicht. Gehen Sie weiter und schauen Sie Ihr (ursprüngliches) Ziel an und nicht ein Problem, das Sie verschlimmern könnten. Distanz aufbauen wirkt deeskalierend. Bleibt vor Ihnen jemand stehen und Ihr Hund gerät in Stress, bitten Sie ihn freundlich, weiterzugehen.

Der Freilauf ist kein Boxring!

Sie wissen um die guten Dinge, die Sie fördern können, wenn Ihr vierbeiniger Liebling im Freilauf ist. Doch es gibt Hundehalter, die sich immer wieder in Freilaufsituationen mit anderen Hunden begeben, damit ihr Vierbeiner »endlich mal auf einen Hund trifft, der ihm Grenzen aufzeigt, weil er so dominant ist …«

Puh! Nein, dafür ist kein Freilauf da! Der Hund muss nicht auf einen vermeintlich stärkeren Artgenossen treffen, um von diesem »erzogen« zu werden. Zum einen sollte der Halter seinen Hund selbst lenken und die Verantwortung keinem anderen, fremden Hund übergeben. Zum anderen ist auch nicht abzusehen, was der Hund lernt, wenn er wahllos auf andere Artgenossen trifft. Das geht langfristig nach hinten los.

Spielverhalten

Lassen Sie Ihren Hund nur im Freilauf spielen und nicht an der Leine, sodass sich die Spielpartner nicht verheddern können und das Spiel nicht in Aggressionsverhalten kippt. Dann bekämen Sie die Hunde nur schwer auseinander. Finden Sie eine überschaubare und möglichst große, ausbruchsichere Fläche, um Hunde miteinander spielen zu lassen. Wenn Sie sich nicht sicher sind, ob es sich noch um Spiel- oder schon um Aggressionsverhalten handelt, lesen Sie die folgende kleine Liste, anhand der Sie Spielverhalten erkennen können:

- Hunde tauschen die Rollen, einmal »jagt« einer den anderen, dann wird gewechselt.
- Das ganze Ausdrucksverhalten sieht entspannt aus. Der Hund wirkt »weich« in seinem Äußeren. Mimik und Gestik werden beim Spiel oft übertrieben dargestellt.
- Es gibt keine Gewinner oder Verlierer.
- Hunde spielen die Handicap-Karte. Ist der eine schneller als der andere, so würde der Langsamere schnell die Lust verlieren. Daher drosselt der schnellere Hund seine Geschwindigkeit, sodass beide Hunde zusammenfinden. Das gilt für viele andere Verhaltensweisen auch, um Spiel zu ermöglichen.
- Auch Vokalisation gehört zum Spiel. Das erschreckt viele Hundehalter und lässt zweifeln, ob es sich noch um Spielverhalten handelt. Findet es aber in einem entspannten Kontext und mit einer weichen Körpersprache statt und erkennen Sie etwa einen Rollentausch, so befinden sich die Hunde sehr wahrscheinlich im Spiel.

- Hunde spielen nur, wenn Sie entspannt sind. Ändert sich nur bei einem Hund die Stimmung, sprechen wir nicht mehr von Spielverhalten. Hunde sehen sich während des Spiels die ganze Zeit an.
- Welche Verhaltensweisen Hunde im Spiel zeigen, ist nicht vorhersagbar. Spiel unterliegt keiner bestimmten Reihenfolge. Anders ist es bei Aggressionsverhalten. Dieses durchläuft oft ein wiederkehrendes Muster.

Spielverhalten ist wichtig. Dadurch lernt Ihr Hund den Umgang mit Sozialpartnern, aber auch viel über sich selbst und seine Fähigkeiten.

Selbstreflexion

Wie gut fühle ich mich, wenn ich meinen Hund in den Freilauf schicke? Ein kleiner Faktencheck:

1. Zu wie viel Prozent fühle ich mich wohl, wenn ich meinen Hund in den Freilauf schicke?

____

____

____

2. Was fehlt mir zu 100 Prozent? Warum fühle ich mich unwohl?

____

____

____

3. Was werde ich ändern, um zu 100 Prozent sicher zu sein und mich gut zu fühlen, wenn sich der Hund im Freilauf befindet?

____

____

____

Ein Besuch in der Stadt ist anstrengend für das Gehirn Ihres Vierbeiners. Bauen Sie daher auch Pausen ein.

SO FÜHLT SICH IHR HUND IN DER STADT WOHL

Nutzen Sie regelmäßig die Chance, Ihren Hund für kleine Ausflüge in die Stadt mitzunehmen.

Sind Sie darauf angewiesen, dass Ihr Hund in der Stadt entspannt mitläuft? Dann lassen Sie ihn dieses »aufregende Revier« routiniert kennenlernen, sodass er den Ausflug in positiver Erinnerung behält. In der Stadt warten viele Verlockungen auf ihn: Andere Menschen, Tiere, Lebensmittel und Gegenstände lassen seine Sinne auf Hochtouren arbeiten. Das Signal »Fuß« (für Engpässe) und das Laufen an lockerer Leine unterstützen Ihr Vorhaben, den Hund an die Stadt zu gewöhnen. Behalten Sie dabei aber die Stressanzeichen Ihres Vierbeiners im Blick und ändern Sie, falls nötig, die Route, um Stress zu reduzieren.

Den Stadtbummel planen

Es reicht nicht, einmal im Jahr an einem vollen Samstag mit dem Hund durch die Innenstadt zu flanieren. Planen Sie besser ein- bis zweimal wöchentlich eine kurze Stippvisite ein. Zum Parken suchen Sie sich eine ruhige Stelle, an der Sie den Hund entspannt aus dem Auto herausrufen können, am besten abseits der Fußgängerzone. Anschließend läuft Ihr Vierbeiner an der durchhängenden Leine und Sie nehmen seine Stimmung wahr. Begleitet er Sie entspannt, können Sie den Einkauf in einem Geschäft anpeilen. Fährt Ihr Hund an dieser Stelle schon hoch (es gibt so Tage ...), brechen Sie in Ruhe ab und beenden den Ausflug. Starten Sie zu einem späteren Zeitpunkt erneut.

Regeln für den Stadtbummel

Betreten Sie den Laden in Ruhe und passen Sie Ihr Tempo dem Hund an. Gehen Sie ruhig und gelassen vor, als würden Sie mit einer Freundin bummeln. Halten Sie Ihren Vierbeiner in Ihrer Nähe. In engen Geschäften kann das »Fuß« helfen. Markern Sie gewünschtes Verhalten zwischendurch. Nach Ihrem kurzen Einkauf verlassen Sie den Laden und gehen heimwärts. Steigern Sie die Ablenkung, die Länge des Stadtbummels und die Anzahl der Geschäfte erst, wenn der Aufenthalt in einem Laden kontinuierlich erfolgreich war.

Möchten Sie, dass Ihr Hund Kontakt zu anderen Passanten aufnehmen darf, geben Sie ihn mit Ihrem Auflösesignal frei. So weiß er, dass der Weg über Sie geht. Nahrungsmittel, die er auf dem Boden findet, sollten Sie ihn nicht fressen lassen. Leider schwirren viele Giftköder umher, sodass Ihr Hund leicht Gefahr läuft, einen zu erhaschen. Gleichzeitig ist auch nicht alles essbar und verträglich, was auf dem Boden liegt. Ziehen Sie Ihren Hund aber nicht einfach weg, sondern bringen Sie ihn dazu, dass er, beispielsweise durch richtungsweisende Wörter, wie »Voraus«, »Rechts«, »Links« oder das Signal »Warte« das begehrte Ziel auf Ihr Kommando hin umschiffen kann.

In der Stadt gibt es viele Verlockungen. Üben Sie mit dem Hund, dass er sich nicht selbst bedient.

Trainingsplan Montag

Dieses Kapitel bietet wahrscheinlich für jeden etwas. Überfliegen Sie es erneut anhand der Überschriften oder Schlagwörter, die Sie für sich und Ihren Hund spannend finden, und beschäftigen Sie sich intensiver mit den einzelnen Themen. Welchen Inhalten möchten Sie zukünftig auf Ihrem Spazierweg mehr Beachtung schenken?

Aufgaben aus Kapitel 4:

1. Prüfen Sie, mit welchen Themen Sie sich noch konfrontiert sehen. Lassen Sie Revue passieren, ob sich die Probleme mit den Übungen aus Kapitel 3 lösen lassen, und beginnen Sie das Training.
2. Führen Sie zu Ihren ganz speziellen »Problemthemen« weiterhin das Erfolgstagebuch, um Erfolge sichtbar zu machen.
3. Überlegen Sie während der Situationen, wer genau ein Problem in dem Kontext hat. Sie, Ihr Hund oder andere Menschen oder Tiere. Wie können Sie Lösungen gestalten?

Meine Motivation:

1 | 2 | 3 | 4 | 5 | 6 | 7 | 8 | 9 | 10

morgens:

mittags:

nachmittags:

abends:

Dienstag

Meine Motivation:

1	2	3	4	5	6	7	8	9	10

Morgens:

Mittags:

nachmittags:

abends:

Mittwoch

Meine Motivation:

1	2	3	4	5	6	7	8	9	10

Morgens:

Mittags:

nachmittags:

abends:

Donnerstag

Meine Motivation:

1	2	3	4	5	6	7	8	9	10

Morgens:

Mittags:

nachmittags:

abends:

Freitag

Meine Motivation:

1	2	3	4	5	6	7	8	9	10

Morgens:

Mittags:

nachmittags:

abends:

Samstag

Meine Motivation:

1	2	3	4	5	6	7	8	9	10

Morgens:

Mittags:

nachmittags:

abends:

Sonntag

Meine Motivation:

1	2	3	4	5	6	7	8	9	10

Morgens:

Mittags:

nachmittags:

abends:

5 Notfalllösungen und Management

Sie haben in den letzten Wochen sehr erfolgreich trainiert und können stolz auf sich sein. Sollten Sie dennoch einmal spontan in Situationen gelangen, in denen Sie ins Straucheln geraten, so haben wir für den letzten Feinschliff noch einige kleine Tipps für Sie. Probieren Sie diese aus.

WAS IST EINE NOTFALLLÖSUNG?

Probleme und kleinere Missgeschicke gehören im Leben mit einem Hund dazu. Machen Sie das Beste daraus.

Ja, es gibt diese Tage! Sie gehen mit dem Hund spazieren und sind guter Dinge. Alles läuft nach Plan, doch plötzlich sehen Sie sich mit einer Situation konfrontiert, die Sie überrascht. Höchste Zeit, das Troubleshooting einzuläuten! In diesem Moment ein professionelles Training anzuwenden ist zwecklos, zumindest wenn das Training noch nicht abgeschlossen ist und Ihr Vierbeiner eben genau auf diesen einen Reiz unkontrolliert reagiert. Ihr Hund ist Ihnen bereits einige Schritte voraus. Der Zug ist abgefahren, um sinnvoll einwirken zu können.
Hundehalter berichten oft, dass alles ganz schnell ging und sie sich nicht imstande fühlten, zuvor Erlerntes umzusetzen, bzw. dass der Hund nicht ansprechbar war. Es sind nachvollziehbare Erlebnisse, die viele Hundehalter kennen – Situationen, in denen der eigene Vierbeiner körperlich und gedanklich entwichen ist. Hilflosigkeit, Überforderung und Scham machen sich dann häufig bemerkbar.

TROUBLESHOOTING *ist die Reaktion auf eine Notfallsituation, nicht die Notfallsituation selbst.*

Werden Sie zum »Troubleshooter«

Was Sie nun benötigen, ist Troubleshooting, um wieder handlungsfähig zu werden und die Situation souverän zu meistern. Auf emotionaler und kognitiver Ebene benötigen Sie Selbstwirksamkeit, also den Beweis dafür, dass Sie selbst in der Lage sind, in diesen Situationen positiv einwirken zu können.
Stellen Sie sich zunächst drei Zonen vor, in denen Sie sich tagtäglich befinden:

1. Komfortzone: Sie gehen ganz routiniert vor und fühlen sich wohl. Sie haben alles im Griff. Ihr Hund entspannt sich in Ihrer Nähe und Sie können ihn problemlos lenken. Alles ist harmonisch.
2. Wachstumszone: In diesem Bereich befinden Sie sich, wenn Sie mit Ihrem Hund etwas trainieren, das er noch nicht beherrscht, oder wenn Sie auf ein Problem stoßen, das

Sie aber lösen können. Es kommt zwar zu kleinen und größeren Herausforderungen, aber Sie bleiben handlungsfähig.

3. Alarmzone: In dieser fühlen Sie sich handlungsunfähig. Geraten Sie in eine Situation, die Sie überfordert, in der Sie erstarren oder wütend sind, also Stressreaktionen zeigen, die aber zu keiner dauerhaften Lösung führen, so sollten Sie zum Troubleshooter werden. Ziel ist, sich möglichst zeitnah wieder entspannen zu können und in die Komfort- oder Wachstumszone zurückzufinden.

Damit Verhaltensweisen sicher in der Alarmzone umgesetzt werden können, müssen Sie diese zuvor in der Wachstumszone trainieren. Sie sollten verinnerlicht haben, wie Sie nun genau vorgehen. Nutzen Sie unsere generellen Tipps, um dem Gefühl der Hilflosigkeit zu entgehen und Ihre Selbstwirksamkeit zu steigern.

→ Nehmen Sie die Situation als solche an und realisieren Sie, dass Sie sich in der Alarmzone befinden. Jetzt geht es nur noch darum, die Situation so zu beenden, dass nichts Schlimmeres passiert.
→ Sie müssen keine Verantwortung für das Verhalten anderer Menschen und Hunde übernehmen. Fokussieren Sie sich nur auf sich und Ihren eigenen Vierbeiner.
→ Atmen Sie tief durch.
→ Nehmen Sie Ihren Vierbeiner und gehen Sie aufrecht, zielsicher und ruhig aus dem Kontext. Sprechen Sie erst einmal nicht mit Ihrem Hund oder anderen Beteiligten.
→ Entfernen Sie sich weit genug vom Ort des Geschehens, bis sich die Erregungslage Ihres Hundes so verändert hat, dass er wieder ansprechbar ist. Erst dann erhält er neue Signale.

Nutzen Sie diese Tipps bitte als Grundlage für alle folgenden Übungen. Die gute Nachricht: Sobald Sie die Übungen und Tipps konsequent umsetzen, werden Sie schnell Erleichterung verspüren und wieder Kontrolle über die Situation erlangen.

Auch wenn alles friedlich erscheint, können beide Hunde einen Plan für den nächsten Moment schmieden.

TROUBLESHOOTING AN DER LEINE

Verfänglich wird es oft an der Leine, wenn der Hund versucht, eigene Wege zu gehen. So reagieren Sie gelassen.

Zieht ein Hund plötzlich stark, weil er zu einem Reiz hin oder von diesem weg möchte, so kommt es oft zu ruckartigen Verhaltensweisen und wildem Gezerre zwischen Hund und Halter. Hängt sich Ihr Vierbeiner so stark in die Leine, dass er nur noch auf zwei Pfoten steht und sein Körper in der Luft ist, so braucht es einen Plan B, um wieder in geregelte Bahnen zu kommen. Wenn Sie in eine solche Situation geraten, so versuchen Sie nicht, gegen diese anzukämpfen, und werfen Sie sich nicht mit ins Getümmel. Oft verschlimmern emotionale und impulsive Reaktionen nämlich noch das Problem. Ihr Hund spürt, dass Sie die Situation selbst nicht kontrolliert führen können und dass Ihr Fokus auf dem Problem und nicht auf der Lösung liegt. Zusätzlich sind Sie über die Leine miteinander verbunden.

Unser Lösungsvorschlag

Besser ist es, dass Sie im ersten Schritt, nachdem Sie die Lage realisiert haben, Ruhe bewahren. Schimpfen und Zerren helfen nicht weiter. Weder Ihr eigener Vierbeiner, noch der andere Hund und sein Halter würden dies richtig deuten. Sagen Sie nichts. Halten Sie die Leine fest, suchen Sie sich ein Ziel außerhalb des Schauplatzes der Staubwolke, die zwischen Ihrem Hund und dem anderen entsteht. Fokussieren Sie das neue Ziel.

Setzen Sie sich zudem eine neue kurze Affirmation, die Sie sich im Geiste selbst aufsagen, während Sie mit Ihrem Hund an der Leine auf Ihr neues Ziel zusteuern. Sie erinnern sich bestimmt: Wir sprachen bereits über Affirmationen in Kapitel 1 (→ Seite 36, 39). In dem hier geschilderten Zusammenhang bieten sich folgende Bestärkungen an: »Wir bleiben ruhig und entspannt.« Oder auch: »Verlass dich auf mich, wir rocken das.« Ihre Atmung ist weiterhin tief und ruhig. Allein dadurch, dass Sie ein neues Ziel anvisieren und nicht das Problem beäugen, bieten Sie Ihrem Vierbeiner eine Wahlmöglichkeit: entweder Aggressionen zeigen, aber ohne Ihre Unterstützung, oder Orientierung an Ihnen finden und so sicher einen neuen Weg einschlagen. So werden Sie Ihren Hund mit weniger Kraftaufwand aus brenzligen Situationen herausholen können.

1. Halten Sie die durch Ihren Vierbeiner straff gespannte Leine fest, ohne aber daran zu zerren.

2. Drehen Sie sich um 180 Grad und suchen Sie ein neues Ziel, das Sie mit aufrechter Körperhaltung ansteuern.

3. Ihr Hund wird Ihren Kurswechsel wahrnehmen und sich zu Ihnen orientieren.

4. Sobald die Leine entspannt, können Sie mit Ihrem Vierbeiner eine ruhige Kommunikation beginnen.

ANFASSEN ÜBEN – »AB JETZT WIRD ES BESSER«

Durch das geübte Greifen in das Geschirr lässt sich manch brenzlige Situation entspannter gestalten.

Konzentriert sich Ihr Vierbeiner in hoher Erregungslage auf einen Stressor, so blendet er Unwichtiges aus. Möglicherweise gehören hektische Handbewegungen durch uns Hundehalter dazu. Nutzen wir unsere Hände jedoch, um den Hund aus der stressigen Situation herauszuziehen und den Abstand zu einem Artgenossen oder Ähnlichem zu vergrößern, kann es sein, dass er durch unsere Berührungen überrascht wird. Nicht selten ist eine umgelenkte, schreckinduzierte Aggression die Folge: Der Hund dreht sich zu uns um und schnappt. Dieses Verhalten wird aufgrund der in ihm aufkommenden Frustration (er erreicht den Stressor nicht, weil er durch die Leine aufgehalten wird) und des Schrecks, der durch die Berührung entsteht, ausgelöst.

Um die Erregungslage zu drosseln, eignet sich der Geschirrgriff. Kennt der Hund diesen Trick bereits – dass Sie beliebig oft zur Ablenkung in das Geschirr fassen, ihn liebevoll festhalten und dann eine andere Richtung einschlagen –, so wird er in hoher Anspannung gelassener reagieren können. Es lohnt sich also, ihm diesen speziellen Griff beizubringen.

Vorbereitende Übung

Die Voraussetzung ist, dass sich Ihr Hund gern anfassen lässt und das Geschirr gern trägt. Andernfalls müsste im Vorfeld eine Gewöhnung stattfinden, bevor Sie die Übung beginnen.

Legen Sie Ihrem Hund im entspannten Umfeld das Geschirr an. Selbstverständlich könnten Sie dieselbe Übung auch mit einem Halsband absolvieren. Warten Sie einen Augenblick, sodass der Hund die Übung nicht automatisch als Folge des Überziehens des Geschirrs verknüpft. Sie können sich ein paar Minuten mit anderen Dingen beschäftigen und danach erst starten.

Praxisanleitung Schritt für Schritt

- → Berühren Sie den Hund, indem Sie ihn mit langsamen, ruhigen Bewegungen streicheln.
- → Empfindet Ihr Vierbeiner die Berührungen als angenehm, können Sie ein Signal einführen. Wir nutzen das Signal »Ab jetzt wird es besser«. Das kündigt einen Stimmungswechsel an und klingt optimistisch. Haben

SHORTCUT:

Schreckinduzierte Aggressionen sind nicht als zielgerichtete Aggressionen zu deuten, sondern entstehen aus dem Affekt heraus.

Sie das Signal ausgesprochen, so greifen Sie in das Geschirr und halten den Hund ein paar Sekunden fest. Loben Sie ihn dabei. Wiederholen Sie die Übung mehrfach am Tag. Im besten Fall ganz nebenbei, sodass Ihr Hund beiläufig verknüpft, dass die Signalgabe den Griff ins Geschirr und auch das Futter – für ein gutes Gefühl – ankündigt.

- Darauf bauen Sie auf. Im Ernstfall müssen Sie den Hund beherzt mitnehmen können, um in eine andere Richtung zu gehen. Auch das Lob soll er als angenehm empfinden und entspannt bleiben. Wiederholen Sie diese Schritte und bleiben Sie mit der Hand länger im Geschirr, drehen Sie sich langsam in die andere Richtung und gehen Sie ein paar Schritte mit Ihrem Vierbeiner. Ihre Hand bleibt im Geschirr.
- Trainieren Sie ruhig auch eine längere Strecke, etwa zehn bis 20 Meter. Auf dem Spaziergang müssen Sie im Ernstfall manchmal längere Distanzen zurücklegen – gut, wenn er die Übung bereits kennt.

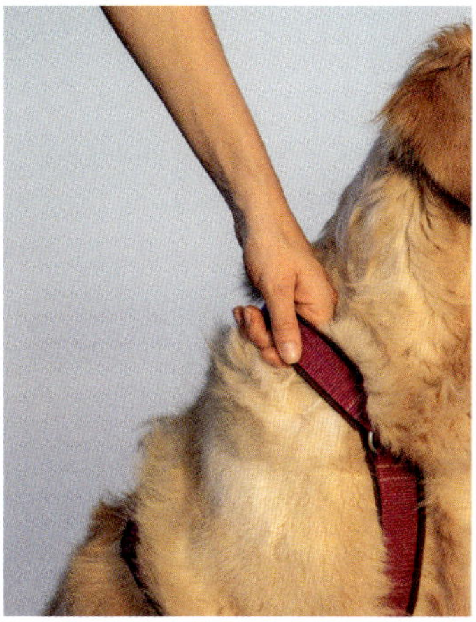

Achten Sie beim Griff in das Geschirr auf die Stimmung des Hundes, so werden Sie noch sensibler.

Vollziehen Sie langsame, zielgerichtete Bewegungen beim U-Turn. Das gibt Ihrem Hund Orientierung.

Im Laufe der Zeit wird Ihr Hund immer lockerer und auch gern mit Ihnen mitgehen.

MIT DER »ACH SO«-ÜBUNG LEICHTER DURCHS LEBEN

Oft hilft alles Reden nicht – signalisieren Sie Ihrem Hund durch Ihre Stimmung, dass er sich entspannen kann.

Wie oft haben Sie Ihrem Hund schon »erklärt«, dass er sich vor der Mülltonne nicht fürchten muss. Die für uns alltäglichen Dinge gehören zum Leben dazu und sind völlig normal. Ja, für uns ist das so. Wir Menschen können uns die Logik hinter Gegenständen gut erklären, wir wissen zum Beispiel, warum eben immer dienstags die unzähligen Mülltonnen auf der Spazierrunde stehen und auf Leerung warten.

Unser Vierbeiner allerdings kann sich das nicht herleiten. Menschliche Erfindungen und die Frage nach dem Woher und Warum sind für unseren Hund nicht greifbar. Was er aber verspürt, ist Furcht vor dem eigentlichen Gegenstand. Somit ist das Woher und Warum auch eher zweitrangig.

Für Sie als Hundehalter ist es jedoch wichtig, seine Furcht zu verstehen. Unser vierbeiniger Freund benötigt an dieser Stelle Unterstützung. Es reicht nicht aus, wenn wir meinen, dass er sich irgendwann daran gewöhnen wird. In diesem Fall sind wir von vielen Faktoren abhängig, die durch Außenreize einwirken. Der Schuss könnte auch nach hinten losgehen. Laufen Sie zum Beispiel an einem windigen Tag mit Ihrem Hund auf dem Bürgersteig an einer Mülltonne vorbei, so kann es gut sein, dass der Deckel zusätzlich klappert. Kein guter Einstieg für eine lebenslange Freundschaft – und von Gewöhnung brauchen wir an dieser Stelle gar nicht erst zu sprechen.

Sinnvoll einwirken

Besser ist es, wenn Sie die Sache selbst in die Hand nehmen. Es gibt eine schöne Übung, die wir die »Ach so«-Übung nennen.

Über einen einfachen Weg können Sie Ihrem vierbeinigen Liebling mitteilen, dass er sich vor Gegenständen nicht fürchten muss. Der Vorteil ist, dass Sie dazu auch gar nicht mit ihm sprechen müssen. Gerade in für den Hund unsicheren Situationen ist es meistens kontraproduktiv, auf ihn einzureden. Angst kann zwar nicht verschlimmert werden, wenn dem Vierbeiner etwas Gutes hinzugefügt wird, aber häufig wird das gutgemeinte Zureden nicht mit einem sicheren Gefühl vermittelt, das der Hund jedoch dringend benötigt. Meistens hat der Hundehalter selbst ein ungutes Gefühl und spricht und wirkt viel auf seinen Vierbeiner ein – so kommt es, dass sich sowohl der Hund als auch sein Halter bald noch schlechter fühlen.

Ein angenehmes Gefühl vermitteln

Wenden Sie einen wirksamen Trick an und machen Sie es für sich und Ihren Hund angenehmer. Signalisieren Sie Ihrem vierbeinigen Schatz, dass er sich vor dem Gegenstand nicht fürchten muss, indem Sie eine Vorbildfunktion einnehmen und sich selbst mutig dem Furcht einflößenden Reiz stellen. Da der Hund durch Beobachtung lernt und gleichzeitig Ihre gelassene Stimmung wahrnimmt, bemerkt er, dass keine Gefahr von dem vermeintlich feindlichen Gegenstand ausgeht.

Praxisanleitung Schritt für Schritt

- Nähern Sie sich dem Furcht auslösenden Reiz, beispielsweise einer Mülltonne. Setzen Sie Ihren Hund in der Nähe des Reizes so ab, dass er diesen aus sicherer Entfernung wahrnehmen kann.
- Sie selbst gehen nun allein zur Mülltonne und zeigen offensichtliche Anspannung. Nach der Inspektion des Gegenstands entspannen Sie sich erkennbar.
- Sagen Sie in einem sehr gelangweilten Tonfall »Ach sooooo«, gähnen Sie und atmen Sie dabei tief aus.
- Kehren Sie anschließend ganz entspannt zurück zu Ihrem Hund.
- Sie können die Übung wiederholen und Ihren Vierbeiner dabei immer näher vor dem Reiz absitzen lassen, bis er eines Tages schließlich ganz mit Ihnen bis zur Mülltonne kommt.

Ohne viele Worte zu machen, signalisieren Sie Ihrem vierbeinigen Liebling auf diese Weise, dass Sie die Gefahr zwar erkannt haben, aber in der Folge als völlig ungefährlich einstufen. Sie werden staunen: Die Wirkung ist enorm!

Wenn Sie den Gegenstand interessiert inspizieren, wird es auch Ihr Hund tun. Sorgen sind dann schnell vergessen.

Wenn Ihr vierbeiniger Liebling weiß, dass Sie ihn auf Distanz lenken können, entspannt auch er.

SITZ AUS DER BEWEGUNG UND AUF DISTANZ

So bekommen Sie Ihren Hund mühelos und sicher überall gestoppt und ins Sitz gebracht.

Wir möchten Sie dazu motivieren, mit Ihrem Hund »Sitz« aus der Bewegung zu trainieren. Aber was hat »Sitz« mit einem Spaziergang zu tun, fragen Sie. Ist es nicht das Gegenteil von Fortbewegung? Ja! Aber in brenzligen Situationen – etwa im Freilauf durch das plötzliche Auftreten von Autos, Wild, anderen Hunden und Menschen usw. – kann es hilfreich sein, den Hund einen kurzen Moment über die Distanz unter Kontrolle zu bringen. Wenn sich Ihr Liebling nicht sicher abrufen lässt und Sie ohne Leine nicht auf ihn einwirken können, so entwickelt sich meistens ein Spießrutenlauf. Insgeheim wissen Sie, dass Ihr Vierbeiner nicht mehr frei laufen sollte, wenn Sie ihn nicht lenken können. Daher gehen so viele Hundehalter mit dem sogenannten Scannerblick spazieren. Statt Erholung zu verspüren, wird das Umfeld stetig nach potenziellen Reizen abgesucht, um Schlimmeres zu verhindern.

Versprochen, es geht auch anders! Viel schöner ist es doch, wenn Sie unsere Übung trainieren, die wir Ihnen im Folgenden vorstellen. Mit dieser können Sie Ihren vierbeinigen Liebling an jeder Stelle mit Freude lenken. Sie werden sehen: So kommen Sie aus dem Gefühl der Unkontrollierbarkeit schnell heraus.

Kleine Übung – große Wirkung

Bestimmt beherrscht Ihr Hund das »Sitz« schon recht gut. Nutzen Sie dies als Grundlage und bauen Sie darauf auf. Hunde lernen kontextbezogen. Daher wird Ihr Vierbeiner höchstwahrscheinlich verknüpft haben, dass »Sitz« in Ihrer unmittelbaren Nähe umzusetzen ist. So kann es beispielsweise sein, dass sich Ihr Hund fünf Meter von Ihnen entfernt befindet und Ihr »Sitz« hört. Er macht sich in Ruhe auf den Weg zu Ihnen, um sich dann, wie immer, vor Sie zu setzen – wie er es gelernt hat.

Für den Hausgebrauch ist nichts dagegen einzuwenden. Draußen jedoch kann es von großem Vorteil sein, wenn sich Ihr Schatz exakt an der Stelle hinsetzt, an der er Ihr Signal hört. Somit können Sie über die Distanz sowohl Ihren Vierbeiner als auch Ihr Umfeld schützen. Und Sie sehen direkt über die Entfernung, dass er Sie verstanden hat und gedanklich bei Ihnen ist.

Übungsaufbau in zwei Teilen

Hund und Halter fällt es in der Regel leichter, sich pro Übungseinheit auf nur ein Trainingsziel zu konzentrieren. Daher unterteilen wir die Übung in zwei Schritte. Später wird alles zusammengefügt. Sie trainieren als Erstes »Sitz« aus der Bewegung und dann »Sitz« auf Distanz. Klappen beide Übungsteile einzeln, kombinieren Sie beide Elemente und üben fleißig weiter.

Können Sie Ihren Hund auf Distanz lenken, bedeutet das für ihn mehr Freilauf und für Sie mehr Sicherheit.

1. Bauen Sie eine kurze Distanz zu Ihrem Hund auf.

2. Zeigen Sie ein Sichtzeichen, das die Aufmerksamkeit einfordert und den Hund auf Distanz hält.

3. Werfen Sie ein Leckerchen hinter Ihren Vierbeiner.

4. Durch die Erwartungshaltung, dass Sie noch ein Leckerchen werfen werden, wird Ihr Hund schon auf Abstand auf den nächsten Wurf warten und sich auf das Signal »Sitz« hin setzen.

Schritt 1 »Sitz« aus der Bewegung

- Bringen Sie Ihren Hund ins »Sitz«, während Sie beide gerade in der Bewegung, also am Gehen, sind.
- Es kann gut sein, dass Ihr Hund Sie wahrnimmt, aber die Übung durch die Bewegung nicht umsetzen kann. In diesem Fall gehen Sie etwas langsamer. Viele Hunde setzen sich dann hin. Wichtig ist auf jeden Fall, dass das Signal in der Bewegung gegeben wird und Sie weitergehen. Bleiben Sie nicht stehen, wenn sich Ihr Vierbeiner nicht hinsetzt. Sie dürfen gern die Geschwindigkeit der Bewegung drosseln, aber nicht zum Stehen kommen.
- Manch einem Hund hilft es, wenn sein Halter auf der Stelle tritt oder langsam um den Vierbeiner im Kreis herumläuft und so eine stetige, fließende Bewegung simuliert. Keine Sorge: Sobald Ihr Liebling das Prinzip erst einmal verstanden hat, werden Sie schon in schnellere Bewegungsabläufe übergehen können.

Schritt 2 »Sitz« auf Distanz

- Ihr Hund befindet sich einige Meter von Ihnen entfernt.
- Nehmen Sie ein Leckerchen in die Hand und heben Sie Ihren Arm hoch. Dies dient Ihrem Vierbeiner als Aufmerksamkeitssignal. Er wird Sie daraufhin ansehen. Werfen Sie das Leckerchen nun hinter den Hund. Er soll es aber nicht fangen, sondern hinter seinem Körper finden.
- Lassen Sie den Hund das Leckerchen fressen. Warten Sie ab, bis er wieder Blickkontakt zu Ihnen aufnimmt.
- In diesem Augenblick halten Sie erneut den Arm hoch und werfen ein weiteres Leckerchen hinter Ihren Vierbeiner.
- Wiederholen Sie diese ersten Schritte mehrere Male hintereinander.
- Sie werden erkennen, dass Ihr Hund im Laufe der Zeit keine Motivation mehr hat, zu Ihnen zu laufen, sondern er verweilt weiter von Ihnen entfernt, in der Hoffnung auf neue fliegende Leckerchen.
- Verharrt Ihr Hund in einem Abstand zu Ihnen und reagiert auf Ihre Hand, dann ist der richtige Zeitpunkt gekommen, dass Sie ihm das »Sitz«-Signal geben.
- Setzt er sich hin, loben Sie ihn. Lösen Sie die Übung auf und werfen Sie Ihrem Vierbeiner seinen Verstärker zu, sodass er auch das Leckerchen im Abstand von Ihnen entfernt erhält. Dieses bekommt er aber erst nach dem Auflösesignal.

UNSER TIPP: *Einige Hundehalter haben Sorge, dass ihr Vierbeiner auf diese Weise lernt, Unrat aufzunehmen, wenn er Futter vom Boden frisst. Wenn Sie diese Verknüpfung verhindern wollen, sagen Sie »Nimm«, wenn Sie Futter auf den Boden werfen. Der Hund lernt: Nur wenn »Nimm« gesagt wird, darf er Futter vom Boden fressen.*

DAS UMKEHRSIGNAL

Manchmal muss es schnell gehen und oft hilft nur die Flucht. Selbst die kann ritualisiert und gelernt werden.

Wenn man mit seinem Hund durch den Stadtpark spaziert und ausgerechnet dort der Erzfeind des Vierbeiners um die Ecke biegt, so ist es nicht immer leicht, entspannt an diesem vorbeizugehen. Auch hat man nicht immer die Nerven und die Zeit, jetzt gerade ein Training mit dem Hund durchzuführen. Zudem darf man nicht außer Acht lassen, dass manche Hunde- oder Menschenbegegnungen einen selbst so stressen, dass man nicht in der Lage ist, logisch und motiviert zu handeln. Stattdessen quält man sich gefühlsbetont und impulsiv durch die Situation und ist weder mit dieser zufrieden, noch mit sich selbst im Reinen.
Dies ist kein guter Zeitpunkt, um mit dem Hund zu trainieren. Daher stellen wir Ihnen eine weitere Technik vor, wie Sie aus plötzlich auftretenden, unangenehmen Situationen herauskommen, sodass Sie und Ihr Hund schnell wieder in die Entspannung finden.

Nichts wie weg hier!

Wir sprechen von einem Umkehrsignal, das Sie einsetzen können, sobald Sie schnell flüchten möchten. Durch ein Hörzeichen kündigen Sie Ihrem Hund an, dass Sie beide nun mit Freude in die andere Richtung sprinten werden. Im besten Fall ergibt sich für Ihren Vierbeiner ein Spiel daraus, bei dem er mit Ihnen gemeinsam in eine andere Richtung spurtet. Für den Hund wird der Schwerpunkt auf der Gemeinsamkeit mit Ihnen liegen und dies seine Motivation steigern lassen, sodass er sich schneller mit Ihnen in Bewegung setzen wird.
Sie genießen bei der Übung gleich mehrere Vorteile. Sie können Ihren Hund trotz Anspannung räumlich lenken und eine größere Distanz zum Stressor schaffen. Gleichzeitig meistern Sie die Situation professionell, was letztlich Ihrer Bindung zum Hund guttut. Und der gemeinsame Sprint macht obendrein viel Spaß.

Praxistraining Schritt für Schritt

- Laufen Sie gemeinsam mit Ihrem Hund in eine Richtung. Sie können die Übung im Garten oder direkt auf dem Spaziergang umsetzen. Bis Sie die Übung beherrschen, achten Sie auf eine reizarme Umgebung. Erst später werden Ablenkungen eingebaut.
- Erlangen Sie die Aufmerksamkeit von Ihrem Vierbeiner, etwa durch ein Schnalzen.

Schaut Ihr Hund zu Ihnen, halten Sie ihm ein Leckerchen vor die Nase und gestalten mit diesem einen U-Turn in die entgegengesetzte Richtung. Bleiben Sie in seiner Nähe. Ihr Hund muss sich Ihrem Tempo anpassen können. Gehen Sie die ersten Male zu schnell, wird er eher zurückbleiben. Locken Sie ihn auf Ihre Höhe, sodass er Ihnen folgt.

→ Funktioniert das gut, kommt nun der eigentliche Clou dieser Übung. Bei den nächsten Wiederholungen gehen Sie nicht einfach in die andere Richtung, sondern sprinten freudig los und bestätigen Ihren Hund verbal für das Mitlaufen. Dies gestalten Sie ganz ausgelassen. Durch die fröhliche Stimmung und das plötzliche Rennen wird sich Ihr Hund schnell auf den neuen Plan einlassen und gern mit Ihnen mitkommen.

→ Stellen Sie fest, dass Sie und Ihr Hund eine Routine im Ablauf bekommen, so können Sie das Signal einführen. Setzen Sie das Hörzeichen, wie zum Beispiel »Rückzug«, unmittelbar vor Ihr Schnalzen, das Ihren vierbeinigen Schatz bisher zur Ausführung der Handlung motiviert hat.

→ Das Signal kündigt dem Hund folglich nicht nur die Handlung eines Richtungswechsels an, sondern auch einen Stimmungswechsel, um ausgelassen mit Ihnen, seinem Lieblingsmenschen, ein »Spiel« zu beginnen.

Sie können Ihrem Hund während des Weglaufens auch mehrere Leckerchen zuführen. Halten Sie dazu einfach nur mehrere Häppchen im Vorfeld in der Hand und verteilen Sie diese während des Laufens. Bleiben Sie dabei aber nicht stehen, sondern immer in der Bewegung.

ALLTÄGLICHE MISSVERSTÄNDNISSE

DIE SITUATION: *Nicht alle Hunde mögen draußen Leckerchen annehmen. Manche Hunde sind so angespannt, dass eine Fütterung nicht möglich ist. Nutzen Sie nur Leckerchen für Übungen, wenn Sie wissen, dass Ihr Hund sie wirklich toll findet und sie im jeweiligen Kontext motivierend und verstärkend wirken.*

WAS SIE DENKEN: *Sie sind vielleicht enttäuscht, wenn Ihr Vierbeiner keine Leckerchen von Ihnen annimmt. Gleichzeitig fühlen Sie sich hilflos, weil das bewährte Mittel scheinbar an Reiz verloren hat. Suchen Sie selbst nach Alternativen und reduzieren Sie am besten auch noch die Stressoren, dann geht es gleich viel besser.*

WAS IHR HUND DENKT: *Nimmt Ihr Hund keine Leckerchen, obwohl er sie prinzipiell mag, so ist er in den meisten Fällen mit dem jeweiligen Kontext überfordert. Er kann gerade nicht. Sobald er wieder entspannt, wird er auch den angebotenen Keks nicht verschmähen.*

Trainingsplan

Montag

Trainieren Sie mit Ihrem Vierbeiner regelmäßig die Übungen aus Kapitel 5. Dies gewährleistet, dass Sie sich auch auf turbulente Situationen einstellen können, die unter Umständen immer wieder mal auftreten, und dann dennoch imstande sind, gelassen zu reagieren.

Aufgaben aus Kapitel 5:

1. Suchen Sie sich zwei bis drei Übungen aus, die Sie ansprechen und von denen Sie glauben, dass Sie Ihrem Hund guttun würden.
2. Erstellen Sie Zeitfenster in Ihrem Planer, wann Sie die Übungen umsetzen.
3. Visualisieren Sie die Übungen sowohl im Training als auch in einer Notfallsituation. So bereiten Sie sich bereits mental gut vor, um im Falle einer schwierigen Situation die einzelnen Schritte des Troubleshootings entspannt und routiniert umsetzen zu können.

Meine Motivation:

1	2	3	4	5	6	7	8	9	10

Morgens:

Mittags:

---

nachmittags:

---

abends:

Dienstag

Meine Motivation:

1	2	3	4	5	6	7	8	9	10

Morgens:

Mittags:

nachmittags:

abends:

Mittwoch

Meine Motivation:

1	2	3	4	5	6	7	8	9	10

Morgens:

Mittags:

nachmittags:

abends:

Donnerstag

Meine Motivation:

1	2	3	4	5	6	7	8	9	10

morgens:

mittags:

nachmittags:

abends:

Freitag

Meine Motivation:

1	2	3	4	5	6	7	8	9	10

morgens:

mittags:

nachmittags:

abends:

Samstag

Meine Motivation:

1	2	3	4	5	6	7	8	9	10

morgens:

mittags:

nachmittags:

abends:

Sonntag

Meine Motivation:

1	2	3	4	5	6	7	8	9	10

morgens:

mittags:

nachmittags:

abends:

ADRESSEN, DIE WEITERHELFEN

ADRESSEN

Verband für das Deutsche Hundewesen (VDH) e. V., Westfalendamm 174, 44141 Dortmund, www.vdh.de

Berufsverband zertifizierter Hundetrainer e.V. (BVZ)
Rothlaker Straße 1, 28870 Posthausen/ Ottersberg, www.bvz-hundetrainer.de

Österreichischer Kynologenverband (ÖKV), Siegfried-Marcus-Str. 7, A-2362 Biedermannsdorf, www.oekv.at

Schweizerische Kynologische Gesellschaft (SKG/SCS), Sagmattstr. 2, CH-4710 Balsthal, www.skg.ch

Deutscher Tierschutzbund e. V., In der Raste 10, 53129 Bonn, www.tierschutzbund.de

Österreichischer Tierschutzverein, Berlagasse 36, A-1210 Wien, www.tierschutzverein.at

Schweizer Tierschutz (STS), Dornacher Str. 101, CH-4008 Basel, www.tierschutz.com

Deutscher Hundesportverband e. V., Voshoveler Str. 9 a, 46485 Wesel, www.dhv-hundesport.de

Berufsverband für Tierverhaltensberater und -trainer e. V. (VDTT), Achtern Dieck 6, 24576 Bad Bramsstedt, www.vdtt.org

INTERNET

Infos zu den Autoren:
www.ziemer-falke.de
Bei Fragen zum Buch schreiben Sie gerne an:
info@ziemer-falke.de

Infos rund um den Hund:
www.hunde.com
www.hunderassen.de
www.hundezeitung.de
www.hundewelt.at
www.spass-mit-hund.de
www.dhv-hundesport.de
www.oegv.at
www.dogevents.ch

LITERATUR UND ZEITSCHRIFTEN

BÜCHER

Arce, José: **Meine fünf Geheimnisse für eine glückliche Mensch-Hund-Beziehung.** Gräfe und Unzer Verlag, München

Bendel, Jochen: **Das Wunder der Bindung.** Gräfe und Unzer Verlag, München

Bloch, Günther: **Wölfisch für Hundehalter: Von Alpha, Dominanz und anderen populären Irrtümern.** Franckh-Kosmos Verlag, Stuttgart

Bradshaw, John: **Hundeverstand.** Kynos, Nerdlen/Daun

Brück, Sebastian/Lenzen, Dirk: **Wenn Hunde sprechen könnten und Menschen richtig zuhören.** Gräfe und Unzer Verlag, München

Hüllenkremer, Silvia: **Der Hund als Spiegel der Seele.** Fred & Otto, Berlin

Leuze, Julie/Henkelmann, André: **Wahres Hundeglück im Doppelpack.** Gräfe und Unzer Verlag, München

Ludwig, Gerd/Wegler, Monika: **Hunde verstehen lernen.** Gräfe und Unzer Verlag, München

Kotrschal, Kurt: Hund & Mensch. **Das Geheimnis unserer Seelenverwandtschaft.** Brandstätter Verlag, Wien-München

Kufner, Ursula: **Wohin mit meinem Hund?** Gräfe und Unzer Verlag, München

Samin, Masih: **Stadt-Wölfe.** Gräfe und Unzer Verlag, München

Schillack, Alex/Spahr, Johanna: **Hunde erziehen ohne Schimpfen.** Gräfe und Unzer Verlag, München

Schlegel-Kofler, Katharina: **Hundeerziehung mit Spaß.** Gräfe und Unzer Verlag, München

Vogt, André: **Typgerechtes Welpentraining.** Gräfe und Unzer Verlag, München

Wischall-Wagner, Alexandra: **Entspannter Mensch, entspannter Hund.** Gräfe und Unzer Verlag, München

Ziemer, Jörg/Ziemer-Falke, Kristina: **Life-Dog-Balance.** Gräfe und Unzer Verlag, München

Ziemer, Jörg/Ziemer-Falke, Kristina: **Welpen-Basics.** Gräfe und Unzer Verlag, München

ZEITSCHRIFTEN

Der Hund. FORUM Zeitschriften und Spezialmedien GmbH, Merching, www.derhund.de

Dogs. Ein Herz für Tiere Media GmbH, München, www.dogs-magazin.de

HundeWelt. Minerva Verlag, Mönchengladbach, www.hunde-welt.de

Partner Hund. Ein Herz für Tiere Media GmbH, München, www.partner-hund.de

Wuff. Petmedia Verlagsgesellschaft mbH, Maria-Anzbach, www.wuff.de

ÜBER DIE AUTOREN

Kristina Ziemer-Falke und Jörg Ziemer – beruflich wie privat ein unschlagbares Team. Die Liebe zu Hunden führte die beiden zertifizierten Hundetrainer und Verhaltensberater einst zusammen und gemeinsam erfüllten sie sich ihren Lebenstraum: Sie gründeten das Schulungszentrum für Hundetrainer Ziemer & Falke, in dem sie seit vielen Jahren ihr Wissen und ihre Erfahrung mit viel Herz und Kompetenz an den Nachwuchs weitergeben.
Inzwischen gilt Ziemer & Falke als eine der führenden Ausbildungsstätten für Hundetrainer mit innovativen Ausbildungskonzepten und Standorten in ganz Deutschland. Kristina Ziemer-Falke und Jörg Ziemer lieben die Arbeit mit Mensch und Hund und setzen sich mit Leidenschaft für ein besseres Verständnis zwischen beiden Partnern ein.

LIEBE LESERINNEN UND LESER,

wir wollen Ihnen mit diesem Buch Informationen und Anregungen geben, um Ihnen das Leben zu erleichtern oder Sie zu inspirieren, Neues auszuprobieren. Wir achten bei der Erstellung unserer Bücher auf Aktualität und stellen höchste Ansprüche an Inhalt und Gestaltung. Alle Anleitungen und Rezepte werden von unseren Autoren, jeweils Experten auf ihren Gebieten, gewissenhaft erstellt und von unseren Redakteur*innen mit größter Sorgfalt ausgewählt und geprüft.

Haben wir Ihre Erwartungen erfüllt? Sind Sie mit diesem Buch und seinen Inhalten zufrieden? Wir freuen uns auf Ihre Rückmeldung. Und wir freuen uns, wenn Sie diesen Titel weiterempfehlen, in Ihrem Freundeskreis oder bei Ihrem Online-Kauf.

Sollten wir Ihre Erwartungen so gar nicht erfüllt haben, tauschen wir Ihnen Ihr Buch jederzeit gegen ein gleichwertiges zum gleichen oder ähnlichen Thema um.

KONTAKT ZUM LESERSERVICE

GRÄFE UND UNZER VERLAG
Grillparzerstraße 12
81675 München
www.gu.de

IMPRESSUM

GU ist eine eingetragene Marke der GRÄFE UND UNZER VERLAG GmbH, www.gu.de

ISBN 978-3-8338-8840-3
2. Auflage 2024

Projektleitung: Fabian Barthel
Lektorat: Gerdi Killer, booklab GmbH, München
Bildredaktion: Petra Ender; Natascha Klebl (Cover)
Korrektorat: Anne-Sophie Zähringer
Umschlaggestaltung & Layout: ki36 Editorial Design, München, Stephanie Reindl
Herstellung: Susanne Fuhrmann
Satz: griesbeckdesign, Dorothee Griesbeck
Reproduktion: Longo AG, Bozen
Druck & Bindung: Drukarnia Dimograf, Polen

Umwelthinweis

Dieses Buch ist auf PEFC-zertifiziertem Papier gedruckt. Somit werden ökologische, soziale und ökonomische Aspekte in der Verarbeitungskette unabhängig überwacht und sind zudem lückenlos nachvollziehbar.

Bildnachweis

Cover: Anna Auerbach
Fotos: Anna Auerbach
Illustrationen: Adobe Stock; Getty Images, Noun Project
Syndication: www.seasons.agency

Wichtiger Hinweis

Die Gedanken, Methoden und Tipps in diesem Buch basieren auf den Erfahrungen der Verfasser. Sie wurden von ihnen nach bestem Wissen erstellt und mit größtmöglicher Sorgfalt geprüft. Weder die Autoren noch der Verlag können jedoch für eventuelle Nachteile oder Schäden, die aus den im Buch gegebenen praktischen Hinweisen resultieren, eine Haftung übernehmen.

GRÄFE UND UNZER
Ein Unternehmen der GANSKE VERLAGSGRUPPE